기생일까? 공생일까?

더불어 사는 생물

기생일까? 공생일까?
더불어 사는 생물

초판 1쇄 발행일 | 2024년 3월 8일

지은이 권오길
펴낸이 이원중

펴낸곳 지성사 **출판등록일** 1993년 12월 9일 **등록번호** 제10-916호
주소 (03458) 서울시 은평구 진흥로 68, 2층
전화 (02) 335-5494 **팩스** (02) 335-5496
홈페이지 www.jisungsa.co.kr **이메일** jisungsa@hanmail.net

ISBN 978-89-7889-547-7 (43470)

청소년을 위한 과학 읽기

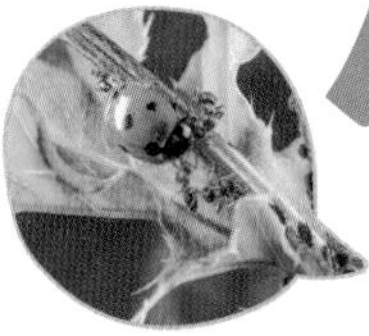

기생일까? 공생일까?

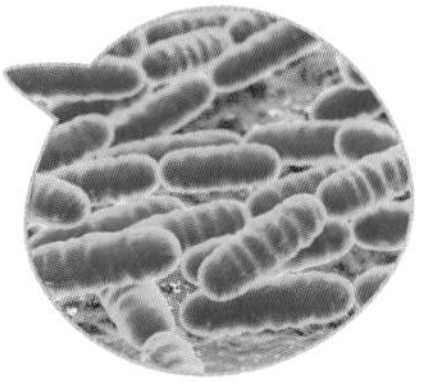

더불어 사는 생물

권오길 지음

지성사

슬기로운 상생의 삶

생물의 공생이란 서로 다른 종들이 밀접한 관련을 맺고 함께 도우면서, 이익을 주고받으면서 살아가는 것을 말한다. 그러나 공생의 범위는 일반적으로 생각하는 것 이상으로 훨씬 광범위하여 생물 세계의 관계가 모두 공생관계라 할 수 있을 것이다.

공생이란 좁은 범위로는 양쪽이 모두 이익을 얻음을 말하지만, 넓게 보면 상대방에게 손해를 끼치고 자신이 이득을 얻는 기생과 같은 관계도 포함된다. '더불어 삶(공생)'은 상리공생, 편리공생, 편해공생 등 다양한 형태로 나타난다.

• 상리공생(相利共生)은 서로 다른 두 종 모두 이익을 얻는 관계이다. 상리공생은 흰동가리와 말미잘 사이에서 찾아볼 수 있다. 또 산호와 산호 체내에 사는 여러 가지 조류도 서로 도움을 주는 관계인데, 이 책에서 다루는 거의 전부가 상리공생에 든다. 공생, 공생 하지만 감히 말해 인간사회의 부부보다 더한 공생생활은 없을 것이다.

• 편리공생(片利共生)은 한쪽만 이득을 얻고 다른 쪽은 이득도 손해도 없는 경우이다. 크게 보아 상어의 몸에 달라붙는 빨판상어, 사람의 대장 안에 사는 박테리아, 고래의 피부에 붙어사는 따개비, 해삼의 항문이나 큰 불가사리의 내장 안에 숨어 사는 숨이고기가 대표적인 예이다. 사실 이것들도 생각에 따라 다른 해석을 할 수 있다.

• 편해공생(片害共生)이란 두 종 사이의 상호관계에서 한쪽은 해를 입지만 다른 한쪽은 아무런 영향을 받지 않는 관계를 일컫는다. 일정 생활공간에서 상대적으로 강한, 혹은 유리한 생물이 상대적으로 약한 생물을 배제하거나 억제하는 것을 말한다. 또 푸른곰팡이의 분비물이 박테리아에게 피해를 주듯이 한 생물의 분비 물질에 의한 항생작용으로 다른 한 생물 종이 해를 입는 것 등이다.

• 기생(寄生)은 한쪽은 이득을 얻고 다른 한쪽은 피해를 본다. 피해를 보는 쪽을 숙주라 하고, 이득을 보는 쪽을 기생체라 하며, 숙주의 몸 안에 사는 기생체를 내부기생체, 숙주의 몸 표면에 사는 기생체를 외부기생체라 한다.

그런데 원래는 기생으로 분류되었으나 구충제로 손쉽게 기생충을 구제할 수 있게 되고, 이후 자가면역질환이 대두되면서 인간과 기생충이 공생임을 인정하는 방향으로 연구가 진행 중이다. 다시 말하면 오랜 시간 인간에게 기생해 온 회충 등의 기생충은 인간에게 크게 해를 끼치지 않고 영양분만 섭취하는 쪽으로 진화했는데, 과거 영양 섭취가 힘들었던 시절에는 단순히 영양분을 뺏는 쪽이 큰 문제가 되었다.

하지만 비만 문제가 등장한 현대에는 회충 따위를 오히려 체중조절 등으로 이롭게 여기기에 이르렀다. 또한 자기의 장기 조직이나 그 성분에 대하여 항체를 만드는 알레르기성 병인 자가면역질환에서는 기생충 감염이 면역 반응을 조절하여 병적 증상이 완화되거나 치료되기도 한다는 점에서 공생으로 취급하자는 주장도 나오고 있다.

이 책에는 해로동혈과 해로새우, 조개와 물고기, 사마귀의 행동을 조종하는 연가시, 콩과식물과 질소고정세균, 딴 새집에 알을 맡기는 뻐꾹새, 몸속 미생물, 말미잘과 흰동가리, 개미와 진딧물, 산호와 갈충조류, 지의류(녹조류와 균류)의 공생 등등 주로 신비로운 상리공생 이야기를 다뤘으나, '사마귀의 행동을 조종하는 연가시'와 '딴 새집에 알을 맡기는 뻐꾹새'는 오히려 기생 이야기라 하겠다.

그럼 다른 생물들이 어떻게 서로 도우며 살아가는지를 책 속에서 알아보고, 그들의 슬기로운 상생의 삶을 닮아 보았으면 좋겠다.

차례

일러두기

1. 책 제목은《 》로, 신문과 잡지 등의 제목은〈 〉로 묶어 구분했다.
2. 본문에서 원어는 대부분 생략하였고, '찾아보기'에서 원어를 병기했다.
3. 외래어는 주로 국립국어원의 외래어 표기법에 따라 표기했다.
4. 각 생물의 학명은 이탤릭체로 표기했으며, 과 이름은 국립생물자원관의 표기법에 따라 사이시옷을 쓰지 않았다. (예: 잉엇과 → 잉어과)

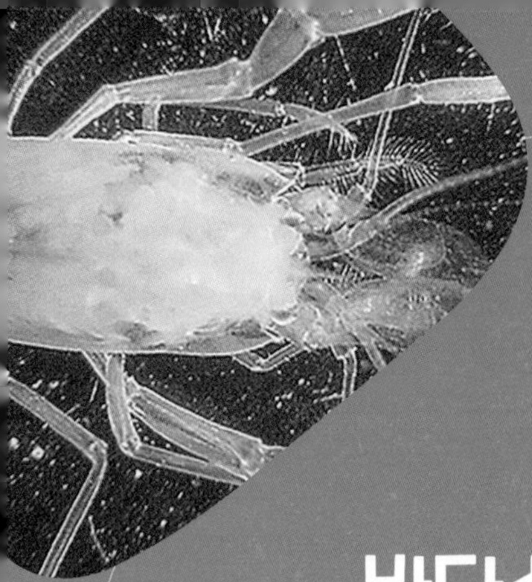

01

바다수세미와 새우의 애오라지 공생

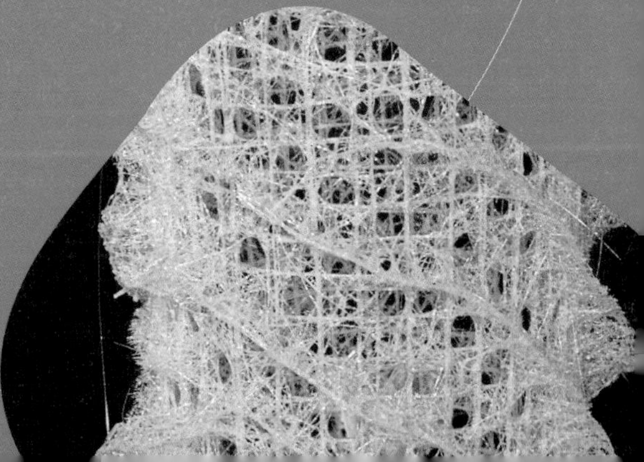

그 깊고 깜깜한 바닷속에서
꼼짝없이 오가도 못 하는 신세에,
애오라지 딱 한 쌍만이
늘 붙어 살아간다. 말 그대로
살아서는 함께 늙고,
죽어서는 한 무덤에 묻힌다는
해로동혈이다!

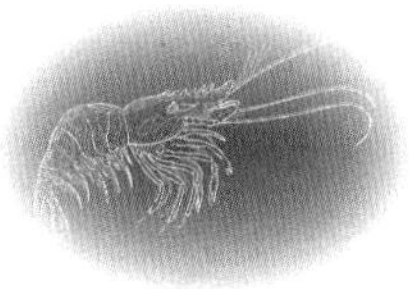

중국에서 가장 오래된 3,000여 년 전 시집인 《시경》에는 "琴瑟之樂(금슬지락), 偕老同穴(해로동혈)"이란 말이 있다고 한다. 이렇게 부부의 금슬(금실)과 관련 있는 말에는 거문고와 비파가 합주하여 내는 조화로운 화음처럼 부부 사이가 다정하고 화목함을 비유하는 금슬상화가 있고, 부부의 인연을 맺어 평생을 같이 즐겁게 지낸다는 백년해로, 또 이 말에 버금가는 "같이 늙고, 죽어서는 함께 한 무덤에 묻힌다"라는 해로동혈이 있다. 이 말들은 모두 생사를 함께하는 부부의 사랑 맹세를 비유한 것이리라.

그러나 거문고나 비파 줄을 너무 팽팽하게 당겨도, 또 느슨하게 풀어도 제소리를 내지 못하는 법이다. 부부란 너무 가까워서도 안 되고, 너무 멀어서도 안 된다는 뜻인 불가근불가원의 관계라고나 할까. 또 '단현'이란 말이 있는데, 금슬의 줄이 끊어졌다는 뜻으로 아내의 죽음을 이른다.

무엇보다 요새 유행하는 말이 훨씬 마음에 딱 와닿는다. "부부란 청년기엔 애인, 장년기엔 친구, 노년기엔 서로 간호사다"란 말 말이다. 환과고독이란 말을 생각하면 더욱 그렇다. 아내 없는 홀아비〔鰥〕, 남편 없는 과부〔寡〕, 어리고 아비 없는 고아〔孤〕, 늙어 자식이 없는 외로운 사람〔獨〕은 모두 천하에 더없이 궁벽하고 의지할 데 없는 이들이 아닌가!?

그런데 평생을 함께 살다가 함께 늙어 한 무덤에 묻힌다는 해로동혈은 생물학적으로 공생 이야기다. 그럼, 지금부터 깊은 바다에 사는 두 동물 해로동혈과 해로새우의 삶을 알아보자.

심해동물인 해로동혈

해로동혈(*Euplectella aspergillum*)은 해면동물의 일종이고, 해로새우(*Spongicola venusta*)는 민물 가재를 빼닮은 갑각류이다. 심해에 사는 해로동혈은 몸이 수세미처럼 얼금얼금, 유리질 골편으로 된 그물눈 모양이라 바닷물이 물살이 느리지만 쉬 드나들 수 있다. 지름이 1~8센티미터, 높이가 30~80센티미터이고 수심 100~3,000미터 바다에 서식하는데, 수심 500미터 근방에 제일 많이 산다.

해로동혈은 근육계·신경계·소화계·배설계의 분화가 거의 없는 갯솜동물(해면동물)로 깊은 바다에 살아 몸 색깔이 매우 희다. 그리고 유리섬유로 만들어진, 속이 빈 원통형의 바구니 꼴이라 '비너스꽃바구니'로 불리기도 한다. 게다가 마치 허드렛일이나 설거지용 수세미를 닮았다 하여 '바다수세미'라고도 부른다.

다시 말해서 해로동혈은 해면동물인 바다수세미의 한 종이다. 해면은 석회해면·육방해면·보통해면 등으로 나뉘는데, 바다수세미는 육방해면(유리해면)에 속하고 여럿이 다닥다닥 떨기(무더기)로 모여난다.

해로동혈은 구부러진 바구니를 닮았고, 몸은 어레미(굵은체)를 닮아서 틈이 많다. 본종(*E. aspergillum*)은 필리핀 근방 서태평양의 심해에 살고, 다른 한 종은 일본과 대서양에 산다고 한다. 바위로 된 딱딱한 바닥에 붙어살며, 플랑크톤이나 유기물을 걸러 먹는 여과섭식을 한다. 또 해면동물의 골격을 이루는 유기물 물질인 해면질이 없고 실리카(규산질)로 된 뼈대만 있는데, 그 길이가 10~30센티미터이다. 심해 종이라 생식, 발생에 관한 연구가 거의 없는 상태이다.

다음은 해로새우 이야기다. 해로동혈(비너스꽃바구니/바다수세미) 속에서 한평생을 함께 사는 해로새우는 세계적으로 9종이 있고, 보통 암놈 성체의 몸길이가 1.5센티미터쯤 된다. 해로새우도 빛이 들지 않는 심해에 살아서 몸이 하얗고 부드럽다. 좁은 해면 속 공간(위강)에서 붙박여 살면서도 그 안에서 짝짓기하고, 수정란은 부화하여 유생인 조에아, 미시스 등 여러 단계로 탈바꿈(변태)한다. 유생 때는 부유 생활을 한다.

이렇게 어린 시절엔 해로동혈 벽의 틈새를 가까스로 비집고 들락거리지만, 자라서 몸집이 커지면 옴짝달싹하지 못하고 갇혀버리니 한 발짝도 밖으로 나올 수 없다. 그 깊고 깜깜한 바닷속에서 꼼짝없이 오가도 못 하는 신세에, 애오라지 딱 한 쌍만이 늘 붙어 살아간다. 말 그대로 살아서는 함께 늙고, 죽어서는 한 무덤에 묻힌다는 해로동혈이다!

처음에는 여러 마리가 와글와글 해로동혈에 갇히지만, 결국은 딱 두 마리만 남고 나머지는 내처 죽임을 당하고 만다. 그리고 아주 어릴 적엔 암수가 정해지지 않지만, 자라면서 성전환을 하여 암수 한 쌍으로 정해진다.

한 쌍의 새우는 평생 상대를 바꾸는 일이 없다. 다시 말해 해로동혈의 틈으로 비집고 들어간 어린 해로새우는 탈바꿈하여 어른 새우가 되면 틈이 좁아 나올 수가 없어서 그 속에 갇혀 살게 된다. 그런데 해로동혈은 깊은 바다에 사는지라 연구가 덜 된 것이 무척 아쉽고 안타

↑ 해로동혈 속 해로새우

→해로새우의 일종

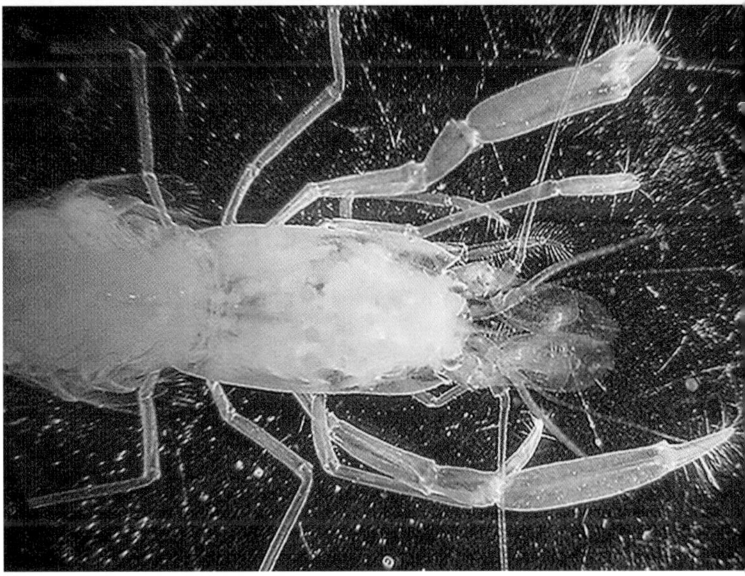

깝다. 당연한 이야기지만 해로동혈 속에 사는 해로새우 종류는 해로동혈 종류에 따라 다르니, 이를 '종 특이성'이라 한다. 해로동혈은 우리나라에서는 제주도의 서귀포에, 세계적으로는 일본·필리핀·서태평양·인도양 등지에 사는데, 파도에 밀려 나와 바닷가에 드러누워 있는 것을 필자도 자주 발견했었다.

해로동혈 몸(벽)의 틈새로 먹을거리들이 들어올뿐더러 단단한 실리카로 된 어레미 꼴의 그물 속에 있어서 다른 포식자에게 습격당할 위험이 없으매, 해로동혈은 연약한 해로새우가 편하게 살기에 안성맞춤이렷다!

근년에 새로운 연구 결과, 몸집이 큰 암컷은 옴짝달싹 못 하고 일평생을 감금 상태로 지낸다지만 몸피가 작은 수컷은 정한 때가 없이 아무 때나 나들이를 한다고 한다. 또한 생존과 번식이 생물본능이라, 해로새우 유생(애벌레)들은 스스로 새 가정을 꾸리기 위해 제가끔 그물코 밖으로 나가 또 다른 해로동혈 해면을 찾아 나선다. 너른 바다 다 놔놓고 꼭 제가 살아가야 할 곳인 해면을 찾아서 말이다.

해로새우는 해로동혈의 몸 안을 청소하고, 해로동혈 해면은 새우에게 먹이를 제공하면서 서로 돕는데, 요즘 해면에 있는 세균이 발광하여 다른 미생물과 플랑크톤을 유인하고 그것을 해로새우가 먹는다는 사실도 알려졌다. 또 해로동혈 해면에 다른 공생동물이 살고 있으니, 갑각류인 따개비나 환형동물인 갯지렁이들이다.

해로동혈은 이 동물들이 먹고 남은 찌꺼기나 배설물, 시체 따위를 먹이로 삼고, 이 동물들은 천적(포식자)으로부터 보호받으므로 서로 공생관계를 유지한다. 세상에 혼자서는 장군이 못 된다는 뜻으로, 남과 협조하여야 한다는 "독불장군은 없다"라는 말이 백번 옳다. 암튼 이들이 어우렁더우렁 어울려 산다는 것이 놀라운 일이 아닐 수 없다!

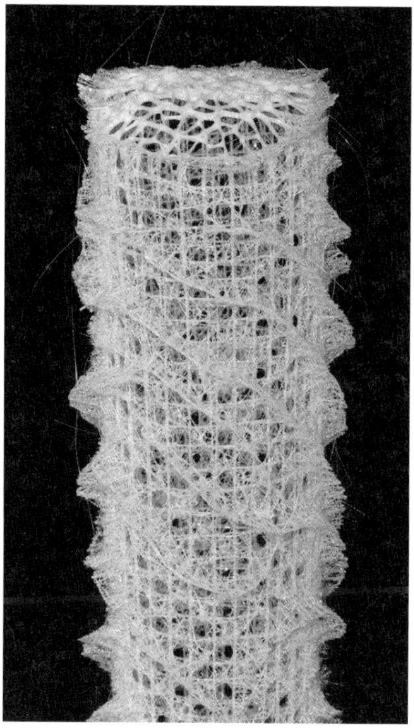

해로동혈 윗부분도 그물망으로 덮여 있다.

참고로 '비너스꽃바구니'는 물이 빠져나가는 윗부분(대공)도 그물망으로 덮여 있다. 생태학 관점에서 보면 해로새우가 해로동혈의 창살(골격) 안에서 감옥살이하는 게 아니라 천적(목숨앗이)의 공격을 받지 않고 함께 돕고 사는(공생) 것이다.

흔히 유리나 접시를 닦는 데 자연 해면을 쓰는데, 요새 와서는 그 구조와 모양을 본뜬 인조 해면을 더 많이 쓴다. 지중해에서 나는 큰 해면을 따와서 오래 놔두면 살(해면질)이 녹고 뼈대만 남으니 그것을 깨끗이 씻어

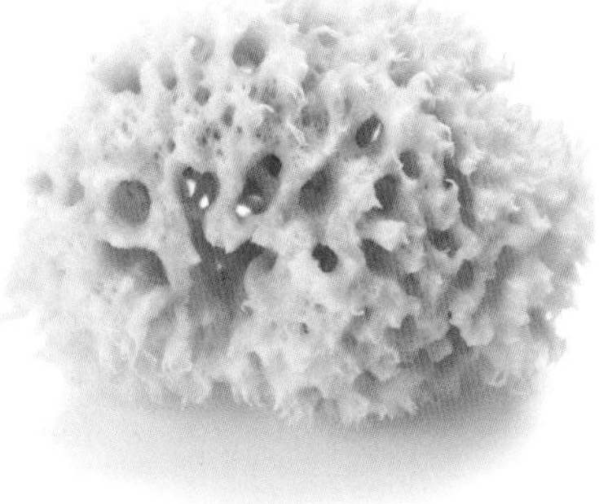

스펀지(인조 해면)

모양 나게 자르면 자연 해면이 된다. 그런데 바다수세미의 해면 골격은 실리카 골격이라 수세미로는 쓸모가 없다. 골격이 유리로 만들어진 정교한 구조라 그릇에 대고 문지르면 아주 쉽게 부서져 버리기 때문이다.

비록 해로동혈은 유리 성분이지만 독특한 골격 구조이기에 웬만한 수압(힘)을 견딜 수 있고, 탄성도 꽤 있다. 해로동혈은 가로세로 방향 격자무늬에 대각선 방향 격자가 이중으로 엇갈려 겹쳐 있다. 다시 말해서 해로동혈 골격은 가로세로 사각형 격자와 두 줄로 된 대각선 격자가 엇갈려 배치된 구조이다. 그래서 다리나 건물 같은 거대한 구조물뿐 아니라 의학 임플란트 같은 작은 구조물에도 응용할 수 있다고 전망되며, 재료를 가장 덜 쓰고도 건물이나 의학에 필요한 기준을 충족할 수 있다고 한다.

심해동물인 해로동혈은 살이 애초부터 없고, 얼금얼금 얽은 뼈대

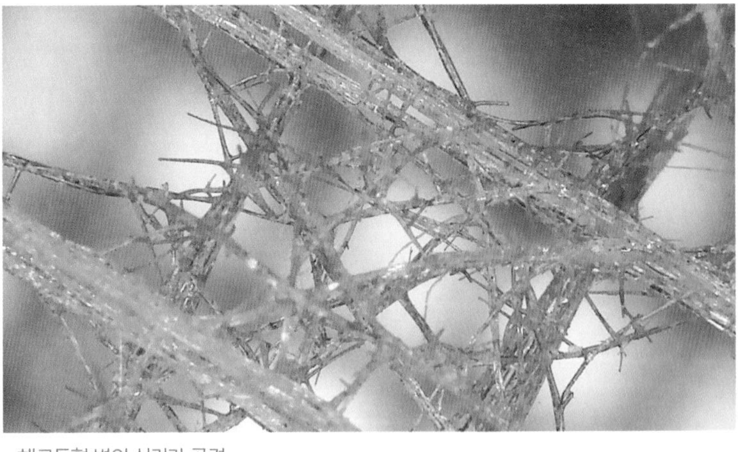

해로동혈 벽의 실리카 골격

로만 된 것이 특징이라 했다. 그런데 하얗고 연약한 해로동혈 밑동에서 사람 머리카락만큼이나 가늘고 긴 해면 골격인 실리카를 뽑아 품질 좋은 광섬유나 태양광 전지를 만드는 데 사용한다고 한다. 해로동혈을 바다 밑바닥에 고착시키는 5~20센티미터 길이의, 사람 머리카락 굵기의 유리섬유는 섬유광학 연구나, 효과적이고 비용이 덜 드는 태양 전기를 만드는 데 쓰인다는 말이다.

이제 해로동혈과 해로새우의 공생 이야기가 마지막에 왔다. 일본 사람들은 이 해로동혈 표본을 곱게 씻어 말려 지인의 결혼에 사랑의 징표로 선물하고, 약혼 선물로도 주고받는 풍습이 있다고 한다. 어쨌거나 필자도 결혼식 주례사에 여기 두 생물 이야기를 했던 적도 여러 번 있었다. 축의금 겉봉투에다 백년해로라 쓰기도 했었고 말이다.

02

물고기와 조개의 불가사의 공생

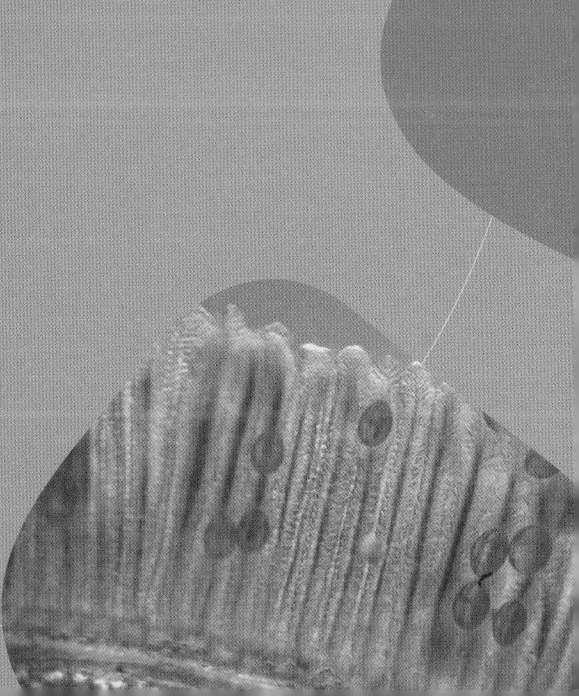

비록 조개의 아가미 속 물고기알은

조개를 숨 막히게 하고,

물고기 아가미에 붙은 조개 유생은

물고기의 피를 빠니

그것은 기생이지만, 전체적으로 보면

서로 돕고 사는 상리공생이다.

실험실에 커다란 수조를 들여놓고, 바닥에 굵은 모래와 자갈을 두껍게 깔아 붕어마름 등의 물풀을 심는다. 물을 가득 붓고, 산소가 부족하지 않게 산소발생기(기포기)를 틀어 공기를 넣는다. 그리고 거기에 조개와 물고기를 같이 집어넣으니, 수조(큰 물통)는 자연(강이나 호수)을 축소한 작은 생태계가 된다. 강물에 들어가서 물고기와 조개가 어떻게 행동하는지를 일일이 살필 수 있으면 좋으련만 그게 어려우니 자연생태계를 본떠 그들의 활동(생태)을 관찰하자는 것이다.

어떤 이는 '생태(生態)'를 이렇게 정의하였다. "생물이 각각 그들이 처해 있는 환경조건에 알맞게 적응해 있는 상태로, 생물집단 내에는 생물 간의 상호관계뿐 아니라 토양, 환경, 대기조성, 기상 등의 자연환경과도 밀접한 관계를 형성하면서 자기 종족을 보존해 가는 이런 동식물의 생활 상태를 생태라고 한다." 한마디로 생태란 자연계에서 생활하고 있는 생물들의 모습을 이른다.

'생태', '생태계'란 말을 흔히 쓴다. 어떤 사람이 뭘 잘 먹고, 언제 잠을 자고 일어나며, 어떤 옷을 좋아하고, 목욕은 일주일에 몇 번 하며… 등등 이런저런 삶의 행동을 모두 모아서 그 사람의 '생태'는 이렇고, 저렇다고 한다. 또 동식물의 '생태'란 한마디로 그 생물들이 '살아가는 모양'을 말하고, 여느 생물치고 생태가 똑같은 것은 하나도 없다.

그렇다면 '생태계'란 어떤 것일까? 앞에서 큰 수조를 일종의 '작은 생태계'라고 하였는데, 자세히 수조 안을 한번 들여다보자. 수조에는 물풀 같은 녹색식물, 즉 엽록체가 있어서 광합성을 하는 ①생산자

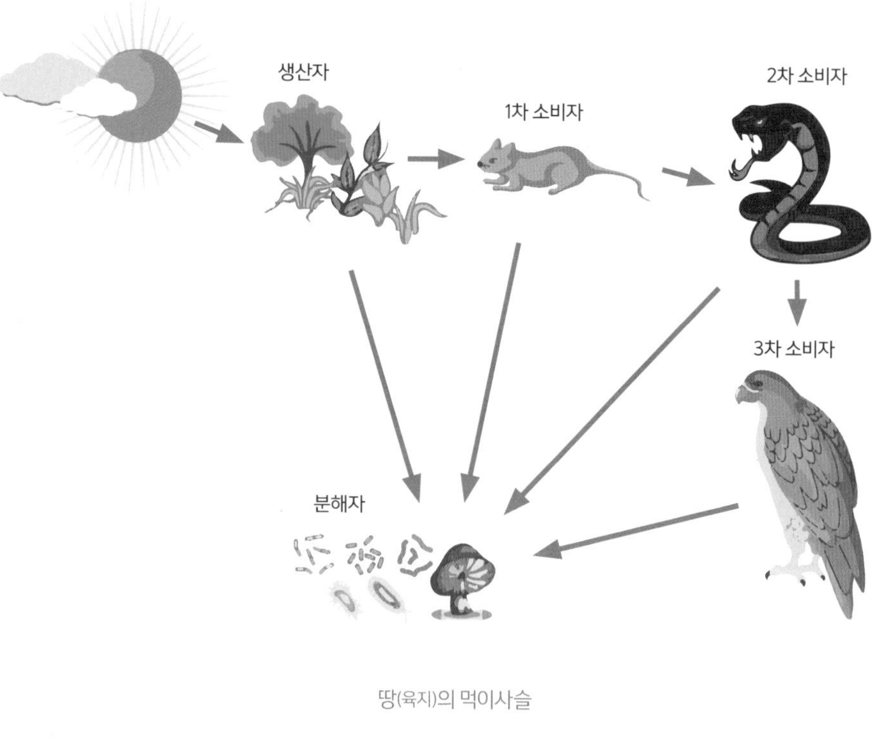

땅(육지)의 먹이사슬

가 있고, 다음에 물고기와 조개 같은 동물, 즉 광합성을 못 하는 ②소비자가 들어 있으며, 그다음으로는 미생물이 가득 있으니 ③분해자이다.

분해자는 생산자와 소비자가 죽거나 그들이 내놓는 배설물을 썩혀 생산자가 양분으로 이용하게끔 하는 세균이나 곰팡이들을 말한다. 만일에 땅(육지) 생태계라면 지렁이나 개미, 버섯 따위가 분해자이다. 한마디로 생태계를 구성하는 요인은 생산자, 소비자, 분해자 등 셋이다.

간단히 말해서 이렇게 스스로 양분을 만드는 생산자, 또 생산자에 의존하여 사는 소비자와 유기물을 분해(낱낱이 나눔)하는 분해자가 함께 있기에 외부에서 다른 양분(에너지)을 넣어주지 않아도 그것들이 스스로 삶을 살아가는 수조는 작은 '생태계'가 이뤄진 것이다.

생태계에는 언제나 먹이사슬이 이루어진다. 먹이사슬(먹이연쇄)이란 식물인 생산자를 초식 동물(1차 소비자)이 먹고, 그 1차 소비자(초식 동물)를 어떤 육식 동물(2차 소비자)이 잡아먹으며, 그 동물을 다른 육식 동물(3차 소비자)이 잡아먹음으로써 이루어지는 생물 간의 관계를 말한다.

다음은 아주 큰 자연생태계인 강이나 연못, 호수 생태계를 보자. 거기에도 생산자인 붕어마름, 말즘, 해캄 같은 물풀과 식물플랑크톤이 있고, 돌멩이에는 이끼(조류)들이 붙어 있다. 땅의 생산자는 엽록체를 가진 녹색식물이고, 강, 호수, 바다에는 식물플랑크톤이 있다. 강이나 호수에는 생산자를 먹는 1차 소비자인 동물플랑크톤이 있고, 또 그것들을 아가미로 걸러 먹는(여과섭식) 조개 따위가 있다.

아무튼 세상에는 혼자 사는 것이 없는 법이다. 생물들이 실타래나 사슬, 그물같이 얽혀 생태계를 이루고 있다. 딴 각도로 그들을 보면 먹고 먹히고, 죽고 죽이는 살벌한 생존경쟁이 일어나고 있으며, 그 환경에 적응한 것은 살아남고 그렇지 못하면 도태되는 적자생존의 원리는 어디서나 해당한다. 그러나 생물들은 따로, 혼자 존재하는 것이 아니라 서로 도우며 더불어 살고 있으니, 바로 공생이다. 다시 말해서 우리나라의 강이나 호수에 사는 물고기 15종과 조개 10종의 생태, 즉 그들의 공생 생태를 알아보고자 한다.

세계의 다른 강이나 호수와 마찬가지로 우리나라 강과 호수에도 물고기와 껍데기가 두 장인 조개(이매패)가 함께 어우러져 살고 있다. 그런데 물고기 중에는 조개가 없으면 살지 못하는 것이 있으니, 잉어과의 납자루아과 12종과 잉어과의 중고기 3종이다.

잉어과(科) 납자루아과(亞科) 납줄개속(屬)에는 서호납줄갱이, 흰줄납줄개, 납줄개, 떡납줄갱이, 각시붕어가 있고, 납자루속에는 납자루, 묵납자루, 칼납자루, 임실납자루, 줄납자루, 납지리가 있으며, 큰납지리속에는 큰납지리, 가시납지리 등 13종이 있다. 그리고 잉어과의 중고기속에는 중고기, 참중고기, 북방중고기 등이 있어서, 우리나라에 서식하는 민물고기 212종 중에서 이 15종의 민물고기(담수어)는 반드시 알을 조개에다 낳는다.

알을 조개에다 낳는 잉어과 민물고기

그런가 하면 껍데기가 매우 크고, 돌처럼 단단하면서 두꺼운 석패과의 조개는 반대로 물고기 없이 살지 못한다. 물고기의 지느러미나 아가미, 머리에까지 조개 유생을 붙인다. 석패과 조개에는 말조개, 펄조개, 작은말조개, 칼조개, 대칭이, 작은대칭이, 귀이빨대칭이, 펄조개, 도끼조개, 두드럭조개, 곳체두드럭조개 등 10종이 있다. 이 조개들은 물고기에 조개 유생인 글로키디움을 달라붙게 하지 않고는 번식하지 못한다.

잉어과의 일부 물고기와 석패과 조개가 어쩌다가 그런 생태를 가졌는지는 답할 수가 없다. 아마도 오랜 세월 함께 살아오면서 서로에 도움이 되는 방향으로 '공진화'하지 않았나 싶다. 조개는 물고기 없으면, 또 물고기는 조개 없으면 살 수 없는 그런 관계를 맺게 된 특이한 진화로 서로 불가사의하고 숙명적인 만남이다.

앞에서 이야기한 우리나라 석패과 민물조개가 대부분 멸종 직전

물고기에다 유생을 붙이는 석패과 조개

에 있으매, 일례로 우리나라 멸종위기 야생생물 I급 가운데 '두드럭조개'가 있다. 이 조개는 우리나라에만 분포하는 한반도 고유종으로, 한강에서도 대규모로 캘 정도로 과거에는 많았으나 수질 악화와 남획, 전국의 하천에 댐과 보가 건설되면서 물의 흐름이 변화했고, 진흙이 쌓이기도 했으며, 자갈이나 모래 등이 마구 채취되면서 두드럭조개의 터전이 사라지게 되었다. 지금은 한강에서는 찾아볼 수 없고 금강의 중상류, 섬진강 일부 지역에서만 발견되고 있다고 한다.

그러면 첫째로, 물고기가 민물조개 안에 산란하는 것부터 보자. 조개(이매패)는 보통 때는 끝이 둥근 두 개의 관을 내놓고 있으니 물이 들어가는 입수공과 물이 나오는 출수공이다. 자잘한 감각돌기가 많은 큰 구멍이 입수공(입수관)이고 작은 구멍이 출수공(출수관)인데 물이 드는 입수공은 구멍의 지름이 크고, 물이 나가는 출수공은 입수공보다

구멍이 큰 입수공, 구멍이 작은 출수공

구멍의 지름이 작다. 그래서 입수공으로 천천히 물이 들고, 출수공을 통해 빠른 속도로 물이 나간다.

잠깐만 모든 일을 멈추고 숨쉬기에 정신을 모아보자. 숨을 들이쉴 때는 공기가 천천히 들어오지만 내쉴 때는 훨씬 빠른 속도로 나간다. 그렇지 않은가. 조개나 사람이나 다 이산화탄소(CO_2)가 많이 든 더러운 물이나 공기를 멀리 보내버리기 위해서 그런다.

그런데 앞에서 말한 잉어과의 납자루아과 무리와 잉어과의 중고기는 산란기가 되면 암컷이 산란관을 조개의 출수공에 집어넣어서 알을 낳는다. 산란관이란 '알을 낳는 관'을 일컫는 말로, 민물고기 중에서

흰줄납줄개의 산란관

오직 납자루아과 무리와 중고기 무리만 산란기가 되면 암컷의 항문 근처에서 가느다랗고 길쭉한 관이 자라 나오니 그게 산란관이다. 산란관은 알집(난소)이 자라 나온 것이며, 알을 다 낳고 나면 다시 몸 안으로 빨려 들어가고 만다.

산란관은 어찌 보면 산림청 헬리콥터가 산불을 끌 때 드리우는 기다란 줄 모습을 닮았다. 산란기에는 여러 마리 암놈이 온 사방 '산불을 진화'하는 모습을 볼 수 있다. 우리나라에서는 이런 어류 행동학 분야를 어류학자 송호복 박사가 많이 연구하였다.

생식기(산란기)에는 수컷 물고기의 몸 색깔이 현란하기 그지없다. 다시 말해서 그때는 온몸이 예쁜 색으로 바뀌니 그것을 '혼인색'이라 하는데, 생식 시기가 되었다는 신호를 보내어 상대를 유인하고 짝지을 배우자를 고르기 위함이다. 모든 생물은 예쁘고 건강한 유전인자를 가진 것이 짝을 구하기가 유리하니 이를 '성선택'이라 한다.

산란기의 수컷들은 암컷의 산란처인 조개를 가운데 놓고 텃세 부리기 시작한다. 다른 수놈이 슬그머니 머리를 내밀면(조개에 접근하면) 주변을 지키던 놈이 날쌔게 달려 나가 부리로 깨물거나 박치기해서 쫓아버린다. 그 대신 암컷이 근방에 나타나면 꼬리를 살랑거리고 몸통을 비틀면서 갖은 애교로 암놈을 조개가 있는 곳으로 꾀어 어떻게 해서든 제 씨(정자/유전인자)를 더 많이 퍼뜨리려 든다.

사람도 다른 생물과 하나도 다르지 않다. 아니, 더할지도 모른다. 남녀가 맵시를 부리고 꾸미려는 것은 바로 잘생기고 튼튼한 배우자(짝)

를 구하려고 그런다. 물론 여기서 건강한 유전자란 심신이 튼실하고 머리(지능)가 우수한 유전인자를 말한다.

드디어 납줄개 암놈이 조개 가까이 다가가서 주변을 살피다가 눈 깜짝할 사이에 산란관을 조개의 출수공에 집어넣어 안에 있는 아가미 방에 알을 끼어 낳는다. 그런가 하면 중고기들은 역시 출수공에 산란관을 집어넣어 외투강에 툭 떨어뜨린다.

알을 낳지미자 수컷이 달려들어 조개 입수공에 성자를 뿌리고, 물과 함께 입수공으로 빨려들어 간 정자는 조개 안에서 알을 수정시킨다. 한 마리의 암놈이 여러 번 반복하여 알을 낳기에 수놈들은 눈에 불을 켜고 암놈 지키기에 온 힘을 다 쏟는다.

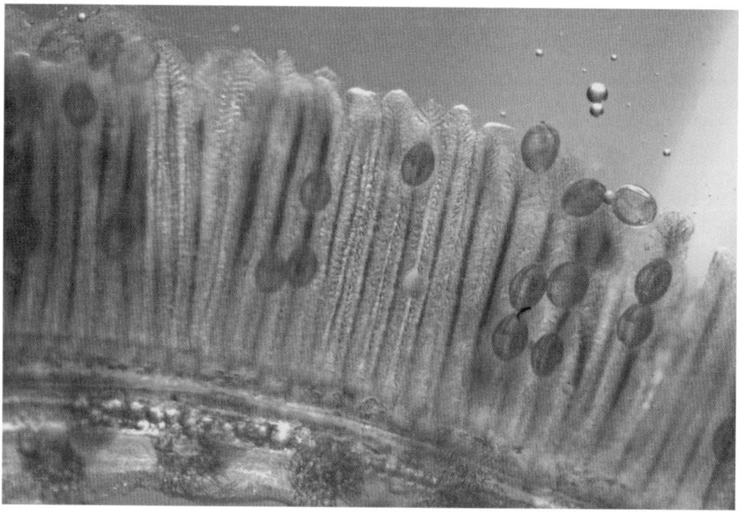

조개 아가미에 낀 물고기의 알

아가미에 든 수정란은 조개의 아가미 속에서 알의 난황을 써서 발생, 부화하여 약 1개월 동안 1센티미터 이상 크기의 치어로 자란 다음 출수공으로 나온다. 조개가 수정란이나 치어를 보호해 주니 다른 물고기에 잡아먹힐 위험 없이 고스란히 다 커서 나온다. 신통한 일이 아닐 수 없다. 강물의 조개를 통째로 잡아 삼키는 동물이 없지 않은가. 얼마나 유리한 적응(진화)을 했는지 모를 일이다.

어찌 보면 조개에서 부화한 치어는 부란기(인큐베이터) 속에서 자라 나온 미숙아의 모습과 흡사하다 하겠다. 그래서 이 물고기들은 돌이나 수초에 알을 낳는 다른 물고기에 비해 적은 수의 알을 낳는다.

낳은 알은 죄다 살아서 나오니 알을 많이 낳을 필요가 없다. 유아사망률이 높았던 옛날이나 전쟁 때는 아기를 여럿 낳았으나 평화롭고 안정된 환경이 된 지금은 자식을 적게 낳는 것과 다르지 않다. 보통 잉어는 한 번에 20만 개에서 60만 개의 알을 낳지만, 같은 잉어과의 납자루아과 어류는 적게는 10개에서 많게는 70여 개를 산란할 정도이다.

그런데 이 어린 물고기가 자라나서 성어가 되어 새끼를 칠 때가 되었다. 이 물고기들은 어디에다 알을 낳을까? 납자루 무리와 중고기 무리는, 연어처럼 제가 태어났던 곳을 기억하고 있어서 '어머니 조개'들을 찾아가 거기에다 알을 맡긴다. 정말 얼마나 신비로운가!?

아무튼 세상에 공짜는 없는 법이다. 생물들은 반드시 갚음을 한다. 앙갚음이 아닌 보은, 즉 은혜를 되돌려준다는 말이다. 얻으면 반드시 그만큼 돌려주니 이것이 상생이요 공생이다. 그러나 넓고, 크게, '우주적인 관점'으로 보면 기생 그 자체도 하나의 공생이고 상생이다.

물고기는 알의 발생에 도움받고, 이매패류는 유생을 먼 곳까지 퍼뜨린다. 이들의 독특한 생활사(한살이) 전략은 기생일까, 공생일까? 비록 조개의 아가미 속 물고기알은 조개를 숨 막히게 하고, 물고기 아가미에 붙은 조개 유생은 물고기의 피를 빠니 그것은 기생이지만, 전체적으로 보면 서로 돕고 사는 상리공생이다.

여기까지 납자루와 중고기 무리의 물고기가 석패과 민물조개(담수패)에 산란하는 이야기였다. 자, 이제는 조개가 물고기에게 조개 유생을 붙일 차례이다. 조개가 본전을 뽑을 차례이다. 물고기와 조개의 산란 시기가 5, 6월로 비슷한 것도 눈여겨볼 현상이다.

물고기가 조개에 산란할 때면 조개는 물고기의 비늘, 지느러미, 아가미, 머리, 눈알에까지 유생을 쏟아 달라붙게 한다. 그런 석패과 조개가 10종이나 된다고 했다.

암수딴몸(자웅이체)인 석패과 조개는 겨울이면 암컷 아가미 바깥쪽의 알집인 육아낭이라 부르는 생식기관에서 봄부터 여름까지 알이 만들어진다. 9월 무렵이면 암컷은 수컷이 뿜어내는 정자를 받아들여 알이 수정되고, 그 수정란들은 육아낭에서 부화하여 일정 기간 자란 후 몸 밖으로 내보내진다. 10월에서 이듬해 4월까지 조개 한 마리가 방출하는 유생은 10만 개가 넘는다고 한다.

물고기가 조개에 산란관을 쑤셔 넣어 알을 낳는 순간, 조개도 출수공을 통해 육아낭에 보관하던 조개 유생을 냅다 내뿜는다. 이때 조개 유생을 '글로키디움'이라 부르는데, '갈고리 모양'이란 뜻이다. 수많이 뿜어진 글로키디움은 납자루나 중고기 무리 말고도 다른 물고기 종류나 여러 무척추동물에도 달라붙는다.

그림에서 보는 것처럼 조개의 유생은 이미 두 장의 여린 껍질이

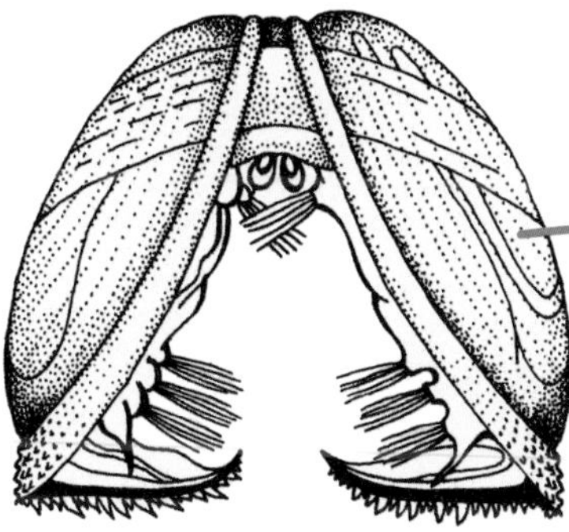

조새 유생인 글로키디움의 양끝에 날카로운 갈고리가 달렸고, 중앙에는 유생사가 있다.

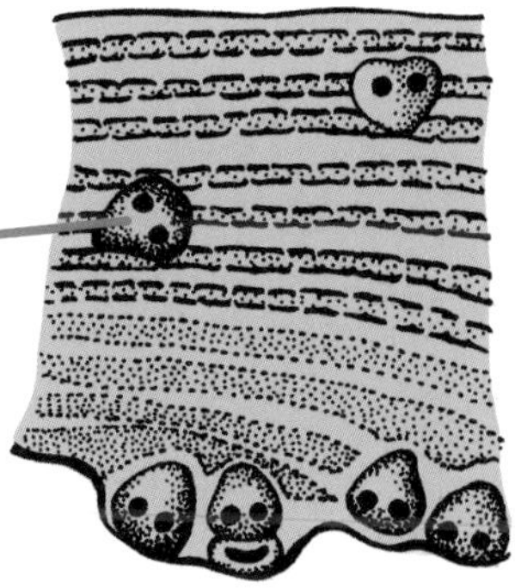

물고기 아가미에 글로키디움이 붙어 있다.

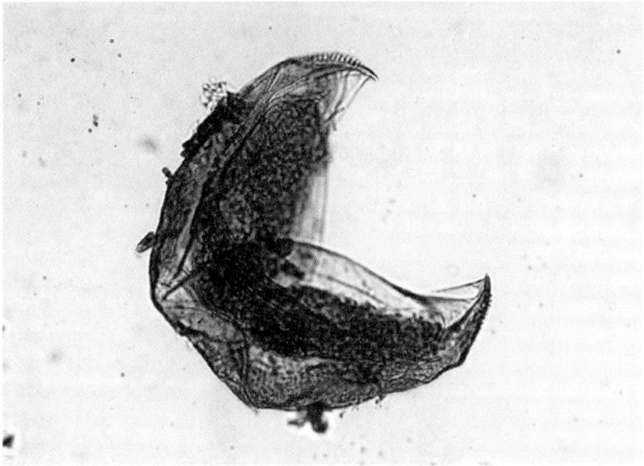

현미경으로 본 글로키디움

생겼고, 껍질의 끝에는 아주 예리한 갈고리가 달려 있어서 물고기의 아가미, 비늘, 지느러미, 눈두덩에 쿡 찍어 찰싹 붙는다. 또 유생사라 부르는 기다란 실을 물고기가 다니는 길에다 늘어뜨려 놓아 그것에 물고기가 걸리면 글로키디움을 착 붙인다. 그럴 뿐만 아니라 끈적끈적한 유생사는 유생이 물에 떠내려가지 않게 자갈이나 돌, 수초들에 조개 유생을 칭칭 얽어매기도 한다.

글로키디움은 파고든 물고기의 살 속에다 허근(헛뿌리)을 박아 체액을 빨아 먹고 발생한다. 물고기가 조개의 몸에서 한 달 가까이 보호를 받고 살았듯이, 조개의 유생도 어림잡아 한 달간 물고기에 붙어살다가 어린 조개(유패)가 되면서 강바닥에 떨어진다. 서로 신세를 지는 기간도 길지도 짧지도 않고 거의 한 달로 같다.

조개 유생이 숙주 물고기에서 양분을 얻어 성숙, 발생하는 것도

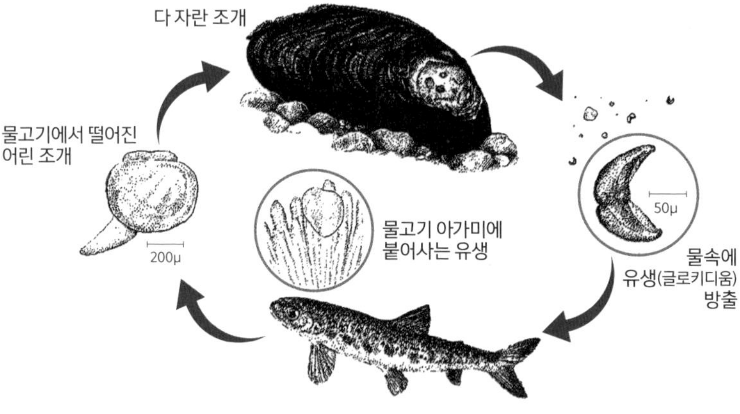

석패과 조개의 한살이

고맙지만, 이보다 더 중요한 것은 굼뜬 어미 조개는 멀리 못 가기에 이동성이 있는 물고기에 유생을 붙였다가 먼 곳에서 떨어지게 하는 것이다. 멀리멀리 자손을 퍼뜨릴 수 있으니 이를 '방산'이라 하는데, 민들레 씨앗이 바람을 타고 멀찌감치 날려 가는 것과 다르지 않다.

여느 생물이나 자손을 많이 낳아, 멀리 퍼지게 하려고 든다. 물고기와 조개는 서로 대리모의 몫을 했다는 것이 옳겠다. 떼려야 뗄 수 없는 조개와 물고기의 연관, 인연, 만남은 아무리 생각해도 신기하고 오묘하기 짝이 없다.

그런데 서로 돕고 사는 데는 언제나 희생, 고통, 아픔, 참음이 따른다. 납자루속 물고기와 중고기 무리가 알을 조개의 외투강이나 아가미에 집어넣을 때, 너무 많이 넣으면 조개는 무척 숨이 차고 호흡에 지장을 받는다. 만삭이 된 어머니가 숨을 헐떡이듯 말이다.

그런가 하면 물고기에 조개 유생이 수많이 달라붙으면 물고기는 양분(피)을 많이 빼앗겨 더러는 죽는 수도 있고, 또 글로키디움이 붙었던 상처에 세균이나 곰팡이의 2차 감염으로 커다란 손상을 입을 수도 있다.

그래도 둘은 서로 없어서는 안 되고 없으면 못 사는 관계로, 둘이 없으면 후손을 퍼뜨리지 못하고 멸종하고 만다. 이러니 강물에 조개가 없어지면 따라서 물고기가 사라지고, 물고기가 죽어버리면 조개도 잇따라서 사라지는 것이다. 그러므로 크게 보아 서로 돕고 사는 공생이렷다.

한 생물이 절멸(멸종)하면 얼마나 복잡한 여파, 여진이 생기는지 모른다. 하나가 넘어지면 연이어 넘어지는 '도미노 현상'이 생태계의 먹이사슬, 먹이그물에서도 마찬가지로 일어난다. 그 정도야 하고 얼렁뚱땅 넘기다가는 큰코다친다. 자전거의 바퀴 사슬(체인) 하나가 고장 나거나 빠져버리면 어떻게 되는가? 그물의 한 코가 빠지면 나머지 코도 풀어지고 만다. '먹이사슬', '먹이그물' 말이다.

인간관계도 매한가지다. '인간 사슬', '인간 그물'이 그렇다는 말이다. 물이 너무 맑으면 고기가 없고(수지청즉무어, 水至淸則無魚), 이것저것을 너무 따지는 사람은 친구가 없다(인지찰즉무도, 人至察則無徒)고 하지 않는가. 사람이 빈틈이 좀 있어서 이런 친구, 저런 친구를 구별하지 않고 사귀고 두루두루 친하게 지냄이, 굵고 튼튼한 인간 사슬과 인간 그물을 만든다.

또 세 사람이 걸어가면 그중에는 반드시 본받을 만한 사람이 있다(삼인행필유아사, 三人行必有我師)고 하지 않는가. 누구나 장단점을 가지고 있는 법이니 그래도 두루 많은 사람을 사귀는 것이 인간 사슬과 인간 그물을 단단하게 하는 것이요, 훌륭한 인간관계를 유지하는 일일 것이다.

꿈을 품고 사는 젊은이들에게 꼭 들려주고 싶은, 필자가 지극히 좋아하는 말이 있다. "子曰, 知之者는 不如好之者요, 好之者는 不如樂之者라(자왈, 지지자는 불여호지자요, 호지자는 불여락지자라)." 이는 《논어》, 〈옹야편〉에서 공자가 하신 말씀이다. 예나 지금이나, 골백번을

옳은 말이라 여기에 끌어다 쓰는 바이다. 간단히 풀이하면 "알기만 하는 사람은 좋아하는 사람만 못하고, 좋아하는 사람은 즐기는 사람만 못하다." 또 다른 말로 "천재는 노력하는 사람을 이길 수 없고, 노력하는 사람은 즐기는 자를 이길 수 없다." 부디 매사를 마냥 즐길지어다!

지금까지 여러분은 우리나라 강이나 호수에 사는 일부 물고기와 조개 사이에 일어나는 공생 이야기를 들었다. 이러한 동물의 주고받기 행동은 유전인자에 여러 전략이 프로그래밍 되어 있는 것이다. 찬탄이 절로 나온다. 서로 없이는 못 사는 이런 상호의존관계를 두고 인연이라 하는데, 생물학적으로는 공생이다.

모든 사물은 다 귀한 연분에 의해서 생멸(生滅)한다. 그러므로 우리도 서로 "넌 물고기요, 난 조개로다"로 생각하고 살아가는 것이 정녕 옳다 하겠다.

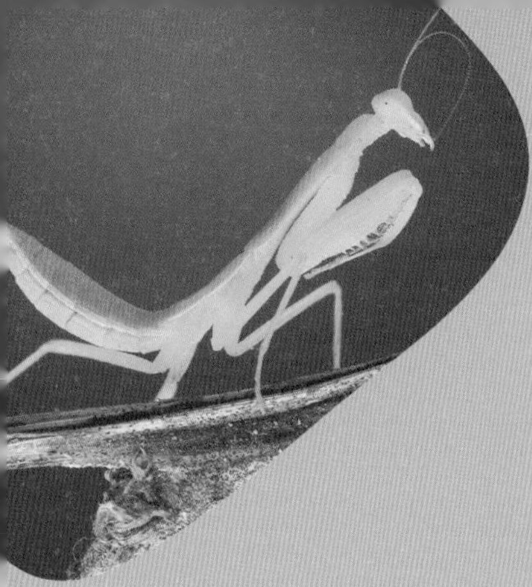

03

사마귀를 맘대로 꼬드기는 연가시

왜 메뚜기와 사마귀가

물을 찾는단 말인가.

배 속의 연가시가 메뚜기와 사마귀를

갈증 나게 하여 물 냄새가 나는 곳으로 가게끔

숙주를 꼬드기는 것이다.

기생충이 숙주의 행동을 맘대로 조절하는 예가 흔하다. 숙주가 제 몸에 기생하는 기생충 놈한테 꼼짝달싹 못 하여서, 그 녀석이 하라는 대로 조종당한다는 말이다. 이리 가라면 이리로, 저리 가라면 저리로 간다.

게다가 얌전하고 수줍던 숙주를 미친 듯 용감하게 만들기도 하며, 생활습성까지도 바꾼다. 이것은 모두 다 기생충이 살아남으려는 하나의 수단, 방법이다. 그리고 여러 차례 말했듯이 생물들의 기생도 크고 넓게 보면 일종의 공생 행동에 든다고 하겠다.

숙주를 조절하는 대표적인 동물로 '연가시'라는 기생동물이 있다. 내부 장기가 퇴화하였고, 민물 또는 물기 많은 토양에 서식하며, 유생은 주로 수서곤충이나 육식 곤충에 기생한다. 보통 잠자리, 강도래 등의 수서(수생)곤충과 메뚜기, 딱정벌레, 여치, 사마귀 등에 기생하고, 감염된 곤충은 연가시에 의해 뇌와 신경마디가 지배된다.

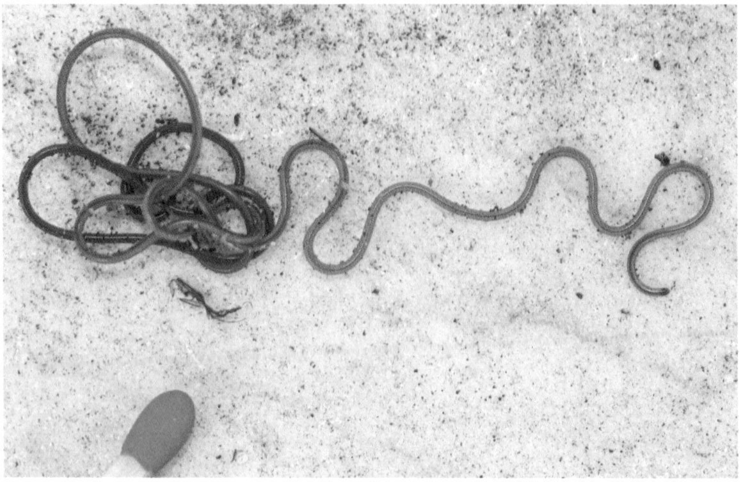

연가시 성충

또 연가시는 숙주 곤충의 창자 속에서 살다가 물가에서 곤충의 항문이나 신체를 뚫고 나오고, 물속으로 들어가 자유 생활을 하면서 성체가 되며, 짝짓기 후에 산란하고 죽는다. 몸에 연가시가 있던 곤충들은 자기 몸보다 더 긴 연가시가 빠져나오면서 대부분 빈사 상태에 이르고, 결국 죽게 된다.

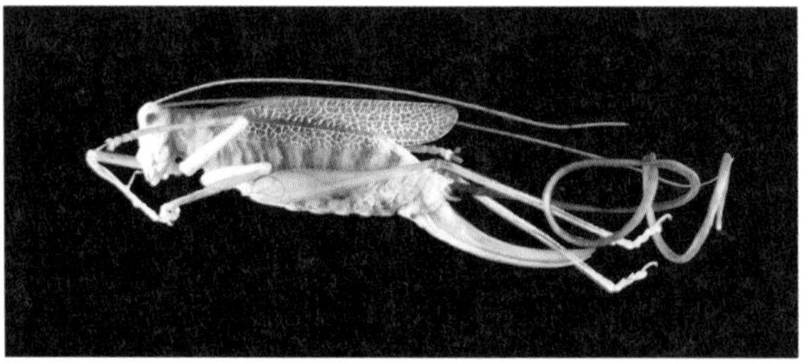

숙주인 메뚜기 몸에서 빠져나오는 연가시

이러한 특성 탓에 연가시가 사람에게도 기생한다는 무섭고 별난 괴담이 있기도 하지만, 신체 구조가 확연히 다른 인간은 연가시에 감염되지 않는다. 연가시는 세계적으로 300여 종이 있으며, 한국에는 6종이 알려져 있고 서식지도 매우 다양하다. 보통 깨끗한 물에서 살아가지만, 물가나 웅덩이, 연못, 저수지 등이나 습기가 찬 곳은 어디에서도 발견된다.

연가시는 가느다란 철사 모양이라 우리나라에서는 '철선충'이라고도 하며, 서양에서는 가늘고 긴 연가시 벌레가 꿈틀거리는 모습이 바람에 날리는 말 꼬리털 같다고 하여 'horsehair worm(말총벌레)'이라 부른다.

성체는 민물에서 다른 생물의 도움을 받지 아니하고 자기 힘으로 살아가는 독립생활을 한다. 우물물이나 유수(흐르는 물) 지역 등 거의 모든 물 환경에서 발견되며, 성체 크기는 수 센티미터부터 수십 센티미터에 이른다. 몸 색깔도 황갈색, 암갈색, 백색 등 다양하다.

성체 머리는 뚜렷한 형태가 없고, 몸 앞쪽 끝에 입이 있으나 다른 기생충이 모두 그렇듯이 소화관은 퇴화하였다. 자웅이체로, 생식소(난소, 정소)가 등 쪽으로 길게 뻗어 있다. 물속에서 부화한 유생은 가시가 난 주둥이가 있어서 다른 물체에 달라붙는다.

연가시(*Gordius aquaticus*)는 유선형동물에 속하며, 한여름에 물웅덩이나 얕은 냇가에서 꼬불꼬불 감긴 놈을 볼 수 있다. 굵기는 2밀리미터, 길이는 10~70센티미터의 가느다란 긴 끈처럼 생겼다. 시냇물에서

백색 연가시

'고르디우스의 매듭'을 닮았다는 연가시가 얽히고설키듯 꿈틀대고 있는 것을 볼라치면 소름이 끼치고, 무섭다는 생각이 저절로 든다.

고르디우스의 매듭이란 '풀기 어려운 문제'를 이르는 말로 고대 프리기아의 왕 고르디우스가 묶어둔 전차의 매듭을 아무도 풀지 못하자, 알렉산더 대왕이 찾아가 한칼에 잘랐다는 고사에서 유래한 말이다. 연가시의 학명(속명)이 *Gordius*(고르디우스)인 것을 참조할 것이다. 암튼 뱀이나 지렁이 등 몸통이 긴 동물을 무섭고 징그럽게 여기는 것은 본능적인 것.

연가시의 종류에 따라서 한살이(생활사)가 다 조금씩 다르다. 암컷과 수컷 연가시가 만나 교접(짝짓기)이 이루어지면 그 결과로 암컷이 알을 낳는데, 알에서 나온 유충은 하루살이 유충이나 모기유충(장구벌레)처럼 물속에 사는 곤충의 유충에게 고스란히 먹힌다.

먹힌다고 해서 유충이 죽는 것이 아니며, 곤충의 유충이 하루살이나 모기가 되는 동안에도 산 채로 버틴다. 즉, 하루살이나 모기를 사마귀가 잡아먹으면 그 안에 있던 연가시의 유충이 그리로 건너간다. 다시 말해서 물속에 사는 하루살이 유충과 모기 유충은 연가시를 물

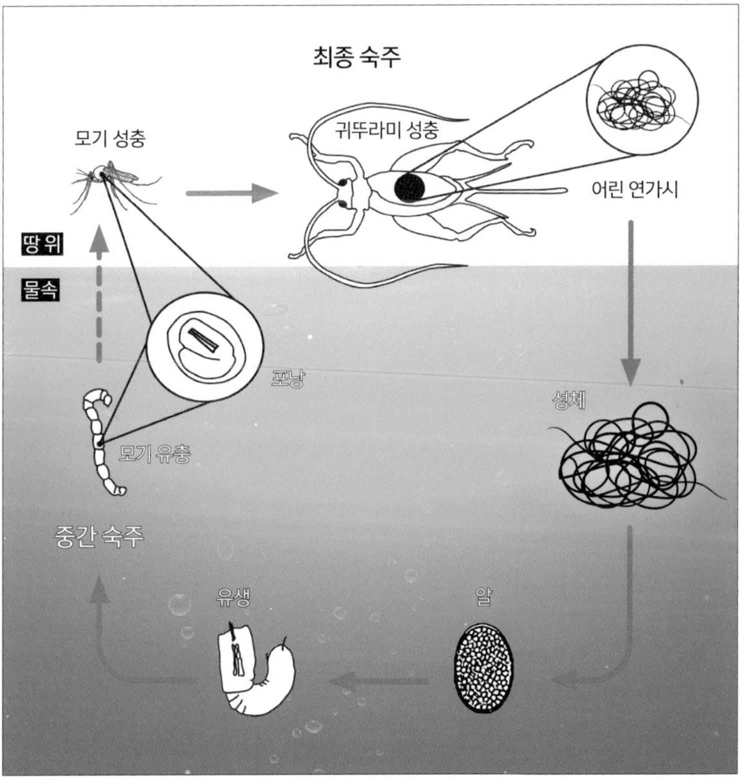

연가시 종류의 한살이
물이라는 환경에서 연가시 성체가 알을 낳고, 그것이 부화하여 유생이 된다. 유생은 모기 유충(장구벌레) 같은 중간 숙주에 들어가 포낭 상태로 머물다가 결국은 귀뚜라미나 메뚜기 등 땅 환경에 사는 최종 숙주로 옮겨진다. 물에 들어간 어린 연가시는 성체로 바뀐다.

에서 곤충으로 옮기는 운반체인 셈이다.

또 다른 연가시 무리의 이야기다. 물웅덩이에서 꾸물거리는 이 녀석들은 암수가 따로 있어서, 짝짓기를 끝낸 암놈은 물에다 줄을 꿰맨 모양의 긴 알 덩이를 낳고는 시나브로 죽어버린다. 알에서 깬(부화한) 어린 유생들은 물 밖으로 기어 나와 근방의 풀잎으로 가서 달라붙는다. 메뚜기 무리가 풀을 뜯을 때 나도 같이 먹어달라는 뜻이다.

드디어 메뚜기가 연가시 애벌레가 달라붙은 풀잎을 통째로 갉아 먹었다! 연가시 유생은 메뚜기 내장에 들어가서 메뚜기 속살을 뜯어 먹으면서 점점 자라 성충이 된다. 그런데 이 바보 메뚜기가 그만 사마귀(버마재비)에게 잡아먹히고 말았다. 연가시는 어떻게 될까? 아무 상관없이, 이젠 사마귀의 내장을 먹는다. 결국 메뚜기를 잡아먹은 사마귀도 역시 이 기생충에 걸린(감염된) 것이다.

다음과 같은 일을 자주 경험한다. 늦가을에 배불뚝이 사마귀를 잡아서 들여다보고 있노라면, 갑자기 사마귀 똥구멍에서 기다란 철삿줄이 줄줄 연이어 나온다!? 맞다, 배 속에서 놀란 어린 연가시가 기어 나오고 있다. 이는 알배기 피라미 암놈을 잡아 붙들고 있으면 갑자기 샛노란 알을 마구 쏟아내는 것과 다르지 않다. 모두 "이러다가 내가 죽게 생겼으니 어서 알을 남기자"는 위기감과 종족 보존 본능에서 나온 행동이다.

여기서부터가 이야기의 결론에 가깝다. 늦가을에 배불뚝이가 된 메뚜기나 사마귀가 엉뚱한 곳으로 길을 나선다. 다시 말해서 연가시의

배불뚝이 사마귀

숙주동물들이 아무 관계 없는 물가로 가고 있다. 평소 이들이 알을 낳는 곳은 분명히 양지바른 저쪽 언덕배기인데 말이지. 왜 메뚜기와 사마귀가 물을 찾는단 말인가. 배 속의 연가시가 메뚜기와 사마귀를 갈증 나게 하여 물 냄새가 나는 곳으로 가게끔 숙주를 꼬드기는 것이다.

숙주 곤충이 물가에 도달하면 어린 연가시는 물 냄새를 맡고는 곤충 똥구멍에서 꾸물꾸물 기어 나와 서둘러 냇물로 뛰어든다. 아무튼 숙주인 메뚜기나 사마귀를 이리저리 몰고 다닌 조종사는 다름 아닌 창자 속의 연가시였다. 그뿐만 아니라 사마귀가 물속으로 기어들기도 한다.

기생충의 명령에 따라 행동하는 숙주의 예는 많다. 물을 무서워하는 공수병, 즉 광견병에서도 보인다. 개의 뇌에 들어간 광견병 바이러스는 개를 무지하게 사납고 두려움이 없게 만들어서, 결국 숙주 개가 다른 동물을 사정없이 물게 한다. 뇌에서 침샘으로 이동해 온 바이러스를 침에 묻혀 딴 동물로 옮게(전파) 한다. 주범은 광견병 바이러스였다.

또 다른 예이다. 모기 암놈은 다른 동물의 피를 빪이 언제나 위험이 따르는 것임을 알기에 필요 이상으로 피 빨기를 겁내고 또 싫어한다. 그러나 기생충인 학질모기의 원충인 플라스모디움이 공격적으로 사람을 깨물도록 모기를 충동질한다.

학질이 많이 퍼질수록 모기가 피를 빨 숙주동물(사람, 개, 돼지 등)이 병에 걸려서 죽게 되므로 모기에게는 불리한 것도 잘 알고 있다. 그러나 기생충(플라스모디움)의 충동질로 '귀신이 덮어씌워' 자기도 모르게 이성을 잃고 포유류를 공격한다.

쥐의 뇌를 조종하는 기생충인 톡소포자충(*Toxoplasma gondii*)도 있는데, 이 경우는 톡소포자충이 중간 숙주인 쥐의 뇌를 조종해서, 쥐가 고양이를 만나도 도망치지 않게 한다. 최종 숙주인 고양이가 그 쥐를 잡아먹으면 톡소포자충은 고양이의 체내로 이동해서 생식 활동을 할 수 있기 때문이다.

사람의 장내에서 비만을 유발하는 세균도 사람의 뇌(식욕)를 조종하는 사례가 있다. 장내 유해 세균들은 LPS(지방과 다당류의 집합체)

를 분비해 식욕 억제 호르몬인 렙틴 기능을 억눌러 필요한 양보다 더 많은 영양분을 섭취케 한다. 그래서 장내 세균들이 영양분을 더 공급받을 수 있고, 더불어 숙주(인간)도 살이 더 찐다. 모두가 오묘하고 신비로운 생물 세계라 하겠다!

다음은 우리나라 영화 〈연가시〉의 큰 줄거리다.

겉모습은 일반 연가시와 비슷해 보이지만 영화에서는 훨씬 거대하고, 기생하는 대상도 갈색여치나 사마귀, 메뚜기 같은 곤충에서 포유류로 바뀌었다. 굵기가 원래 것에 비교해서 상당히 굵은데, 아마도 곤충이 아닌 포유류의 내장에 기생해야 하는 설정이라 그런 듯하다. 본래는 제약회사에서 연가시가 숙주의 뇌에 단백질을 분비해 숙주를 조종한다는 점을 이용해 뇌종양 치료제를 개발해 보려고 만든 돌연변이였다.

처음의 연가시는 개에 기생해 있었는데, 병 주고 약 주자는 음모를 꾸민 회사 사람들이 강원도 모처의 하천에 죽은 개를 버렸고, 개의 몸 안에서 빠져나온 연가시들이 강물에 알을 낳았다. 그 후 그곳에 물놀이 온 사람들이 연가시에 감염되었다.

실제 연가시는 최대 2,000여 개의 알을 낳으며, 영화상에서는 수십만 개의 알을 낳고 죽는다고 언급된다. 이 때문에 무려 백만여 명이 감염되는 사태가 벌어졌다.

일단 한번 감염되면 첫 몇 개월은 식욕이 왕성해져서 평소엔 조금

씩만 먹던 사람도 세 끼로는 모자라 끝없이 먹어댄다. 하지만 연가시가 장 안에 기생하면서 영양분을 흡수하기 때문에 살이 찌기는커녕 오히려 조금씩 빠진다. 문제는 이 시점에선 이미 장에 완전히 달라붙어 있기에 수술로 떼내는 것도 불가능하다. 그래서 약물로 처리해야 했지만, 원인이 기생충이라는 말에 구충제를 먹었던 사람들이 장 안에서 연가시가 날뛰면서 죽는 바람에 끔찍한 고통을 호소하다 사망하는 사태가 벌어졌다.

그러다가 연가시가 산란기에 접어들면서, 이때부터는 연가시에 감염된 사람들이 갈증을 호소한다. 하지만 아무리 물을 마셔도 끝이 없자 결국 물이 많이 있는 곳에 뛰어들고, 그 순간 연가시가 장에서 한꺼번에 빠져나오면서 감염자는 쇼크사하게 된다.

물이 많이 있는 곳이란 동네 하천, 한강 같은 강, 분수대, 수영장, 횟집의 수조, 욕조, 샤워장 등등을 다 포함한다. 심지어 변기에 얼굴을 박고 변기 물을 마시다 연가시가 바지를 뚫고 튀어나온 채 죽은 사람도 있었다. 후반부에는 더는 견디질 못했는지 물이 없는데도 연가시가 입에서 튀어나온 채 죽은 사람도 있었다.

연가시가 빠져나온 시체들의 모습은 잠깐씩 스치듯이 나오는데, 말라비틀어진 미라 같은 끔찍한 몰골이었다. 그래서 초반에는 사인(死因)이 영양실조일 것이라 여겼으나 멀쩡하던 사람이 순식간에 그렇게 변했다는 걸 알고 나서는 북한 같은 곳의 생화학무기 테러라고 생각하기에 이를 정도였다.

유일한 치료제는 윈다졸이라는 약인데, 문제는 치료제이지 예방약이 아니다. 암튼 기생충학자들은 사람이 연가시에 감염되거나 연가시가 사람을 숙주로 기생할 확률은 극히 낮다고 보고 있으며, 곤충과 달리 사람은 몸 전체가 연가시로 가득 찰 가능성이 희박하다는 점에서 어디까지나 영화적 설정이라 하겠다.

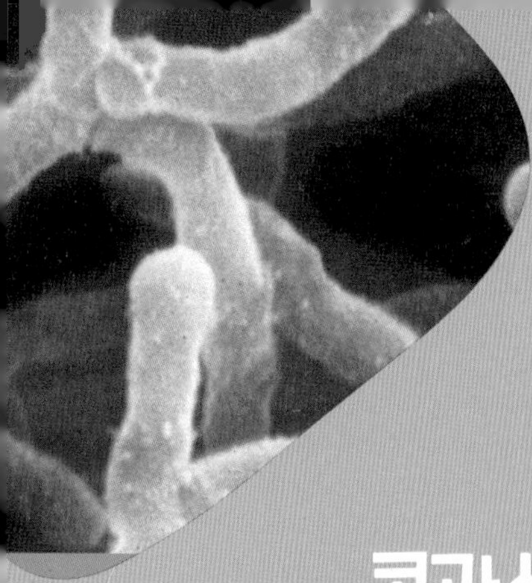

04

콩과식물과 서로 없이 못 사는 뿌리혹세균

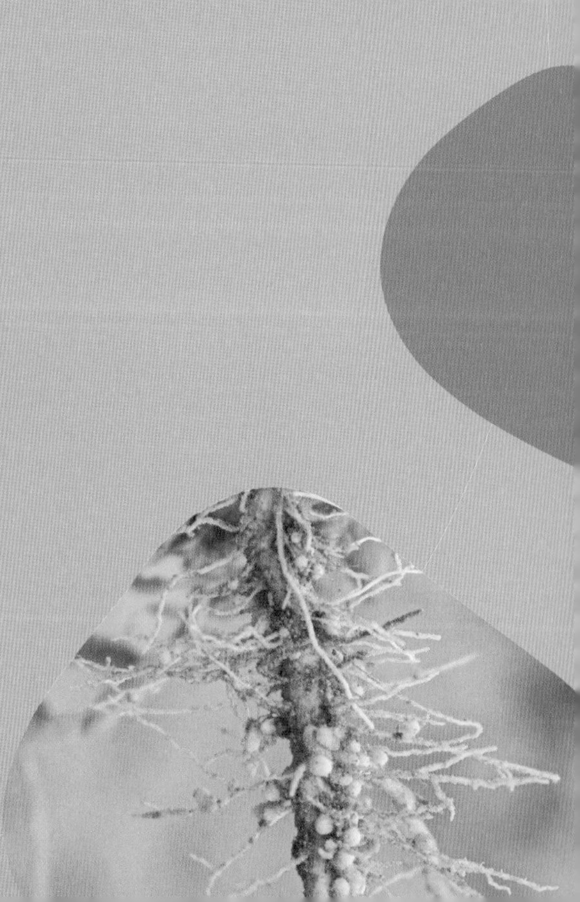

뿌리혹세균은 숙주식물인
콩과식물에서 받은 영양분으로 살아가면서
공기 중의 유리질소를 고정하여
그것을 숙주(콩과식물)에게 주므로
두 생물은 서로 함께 서로 도우며 살아간다.

먼저 흙 타령이다. 누가 뭐라 해도 흙은 살아 있는 생명체이다! 흙은 생명의 숨결이 넘실거리는 토양이다. "땅에 씨앗을 심는 일은 사람의 성적인 행동과 유사하다"라고 어떤 이는 말했다. 맞는 말이다. 자궁에 정자를 뿌리는 것과 흙에 씨앗을 심는 것이 똑 닮았다. 분명 우주의 섭리를 가득 안은 씨알을 심는 자궁이 흙이렷다.

우리의 생명을 담보하는 흙과 식물은 정녕 우리의 어머니시다! 그리고 식물은 양분을 만드는 공장이므로 "식물은 공장이다(The plant is a plant)"란 말이 옳다.

살아 있는 모든 것은 흙에서 나고, 흙으로 돌아간다. 그러므로 흙은 생명의 시작이면서 끄트머리다. 내가 낙지(落地, 세상에 태어남)한 터가 흙이요, 입지(入地, 죽어서 묻힘)할 곳 또한 흙이 아닌가. 함소입지(含笑入地)란 말이 있다. 미소를 머금으면서, 죽음을 무서워하지 않고 죽는다는 뜻이다.

일일부작이면 일일불식이라(一日不作 一日不食), 하루 일하지 않으면 그날은 먹지 않아야 한다. 그런데 흙일(농사)은 대지와 접촉하는 것이다. 맞다. 정녕 나의 텃밭은 나의 수도장이라 일로 운동하고, 그보다 흙내음 실컷 맡으며 흙살 한껏 뒤집어써서 심성정(心性情, 타고난 마음씨)까지 부드럽고 맑게 되어 좋다.

게다가 흙은 우리에게 '썩힘(부패)'과 '띄움(발효)'을 가르쳐준다. 흙에 묻히면 부패, 발효하여 기름진 거름으로 바뀌지 않는 것이 없다. 그렇지 않은가. 세월이란 풍화작용이 아픔과 괴로움을 채가고야 만다. 아무리 어렵고 힘든 일도 세월 따라 사라지고 만다는 것을 알려주는 흙이다!

그리고 죽음은 삶의 중요한 주제이다. 어떻게 맞이할 것인지, 또 죽음 이후엔 무엇이 있을지 등등 동서고금 막론하고 인류가 끊임없이 고민해 온 질문이다. 삶과 죽음에 관련하여 고대 로마인들에게 널리 알려진 두 개의 명언이 있다. "Carpe diem(카르페 디엠, Seize the day), Memento mori(메멘토 모리, remember that you must die)." 현재에 충실하라 그리고 죽음을 기억하라.

그런데 보들보들한 건흙에선 향긋한 토향(土香)이 풍긴다. 사실 흙내음은 주로 방선균이 거름흙을 분해하면서 내는 풋풋한 냉이 냄새랄까, 인삼 냄새 같은 향을 풍기는 물질인 지오스민 때문이다. 한마디로 미생물이 풍기는 냄새가 흙냄새로다! 'geosmin'의 geo는 'earth'를, smin은 'smell'로 지오스민이란 결국 '흙냄새'를 내는 물질이다.

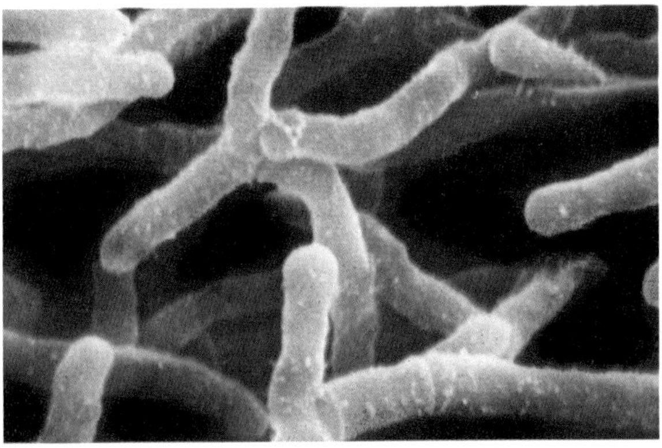
흙이나 식물 등에서 주로 발견되는 방선균

지오스민은 토양에서 나는 흙냄새와 민물의 흙냄새, 민물고기에서 나는 흙냄새의 원인물질이다. 냄새 물질인 지오스민의 발생 원인 생물로는 남세균류(남조세균류), 방선균, 아메바 등이 있으며, 물 생태계의 냄새 물질은 남세균류에 의한 영향이 가장 크다. 갑자기 한바탕 여름 소낙비가 지난 다음 길바닥에서 나는 비릿한 '물 냄새'도 지오스민 탓이다.

다시 말하건대 강물의 지오스민은 주로 시아노박테리아라 부르는 남세균, 즉 남조세균의 대사 과정에서 발생하는데, 수돗물에 흙냄새를 유발하는 물질이다. 가정에 공급되는 수돗물에서 나는 흙냄새는 고도 정수처리 시설이나 활성탄 처리로 제거할 수 있다. 그래도 수돗물에서 지오스민으로 인한 흙냄새가 날 때는 물을 섭씨 100도에서 3분 정도 끓이면 휘발해 없어진다.

강이나 호수에 남세균이 대량 발생해 물이 녹색으로 변하는 녹조현상

이 같은 냄새 물질은 흙 냄새, 곰팡내, 비린내, 오이 냄새를 내는데 주로 남조세균이 대량 증식하는, 녹조현상이 나타나는 여름철에 발생한다. 알려진 바로는 지오스민은 인체에 그리 해롭지는 않다고 한다.

지오스민 이야기는 이 정도로 하고, 다음은 식물 뿌리가 양분을 잘 흡수하려면 식물이 뿌리 박은 흙에 반드시 여러 토양미생물이 많이 있어야 한다는 내용이다.

땅에다 거름을 주는 일은 식물에 양분을 주는 것일뿐더러 토양세균류를 키우는 행위이다. 토양미생물은 식물 뿌리를 튼튼하게 하고, 불용성인 무기영양소를 잘 녹게 하여 질소나 인산 등이 양분 흡수를 돕게 해준다.

또한 토양미생물은 식물의 뿌리 속과 겉껍질에 붙어 있는 것은 물론이고, 잎줄기에도 붙어사니 사람의 내장이나 피부의 상재균들과 하나도 다르지 않다. 상재균이란 항상 함께 사는 세균이렷다. 토양세균류가 식물의 개화 시기를 조절하고, 항생물질을 분비하는 방선균이 식물체에 붙어 있어서 식물을 여러 세균으로부터 보호한다. 결국 밭에 준 퇴

비는 곡식의 자람만이 아니라 토양미생물 배양에도 쓰인다.

세상에 공짜 없다. 그 대신 식물(뿌리)은 토양미생물에게 여러 가지 쓸모 있는 유기영양소를 준다. 그래서 뿌리 근방에는 50퍼센트나 더 많은 토양세균이 득실득실 꾄다고 한다. 이렇게 식물과 토양미생물은 서로 도우며 주고받기(상생)한다. 그러므로 '땅이 걸어야 식물이 잘 자라는 까닭'을 알았다.

나무를 옮기고 나면, 원뿌리와 곁뿌리를 다 잃은 거목에 막걸리를 뿌리가 흠뻑 젖도록 뿌려준다. 이것은 나무에 알코올을 들이자는 것이 아니고, 토양미생물에게 막걸리를 먹이자는 것이다. 막걸리를 먹고 무럭무럭 자란 토양세균들이 나무의 원기를 되찾아 주고, 마구잡이로 잘려 생채기 난 뿌리의 상처를 아물게 한다.

한편, 식물이 살아가는 데 필요한 10대 원소(탄소, 산소, 수소, 질소, 인, 유황, 칼슘, 칼륨, 마그네슘, 철)나 미량원소 중 어느 것 하나라도 모자라면 그 부족한 수준만큼 다른 원소가 사용되지 못한다. 만약 흙에 철이, 필요한 양의 80퍼센트밖에 없다면 나머지 원소들이 제아무리 많아도 모든 원소의 80퍼센트만이 식물에 쓰인다는 의미다. 이런 것을 '리비히의 최소 법칙'이라 한다.

이 법칙은 당연히 사람에도 해당하므로 음식을 고루 먹지 않으면 결국 어느 영양소가 부족해지고, 딴 영양분이 제아무리 많아도 모두 쓰이지 못하니 헛먹었다는 말이 된다. '균형 잡힌 식단'이 얼마나 중요한 것인지를 알겠다!

녹색식물은 참으로 위대하다. 녹색식물은 광합성으로 만들어진 포도당을 원재료로 하여 3대영양소인 탄수화물, 지방, 단백질을 합성하고, 비타민이나 무기염류도 스스로 만드는 독립영양을 한다. 그러나 동물(사람)은 이런 양분을 스스로 만들지 못하고, 푸나무(풀과 나무)가 만든 것을 빼앗아 먹는 종속영양생물로 식물에 기생하는 기생충에 지나지 않는다. 다시 말해서 식물(植物)만이 이 세상의 식물(食物)을 만드는 위대한 창조력을 가졌다!

비료의 3요소인 질소, 인산, 칼륨은 식물의 어디에 어떻게 쓰일까? 가장 흔하게 쓰이는 질소비료는 주로 식물의 자람(생장)에, 인산은 꽃 피고 열매 맺기(개화, 결실)에, 칼륨은 뿌리의 발달(성장)에 쓰인다. 식물 대사에 관여하는 여러 원소 중 질소는 단백질과 핵산(DNA, RNA)의 구성성분이 되기에 매우 중요하다.

그런데 우리 몸을 구성하는 단백질이나 핵산에 든 질소 성분도 원래는 공중질소였다고 하면 무척 의아해할 것이다. 대기 중에는 화합물 속에서 화학적으로 결합하지 않는 질소인 유리질소가 약 79퍼센트이다. 이런 유리질소는 식물이 이용하지 못한다.

가스 상태의 질소는 천둥 번개에 의해 식물이 쓸 수 있는 암모늄염이나 질산염으로 바뀌며(이를 질소고정이라 함), 토끼풀이나 아까시나무 같은 콩과식물 뿌리에 공생하는 뿌리혹박테리아가 질소를 고정한다. 여기서 이야기하려는 콩과식물과 뿌리혹박테리아(뿌리혹세균/근류세균), 즉 근류(根瘤)의 공생관계가 이 꼭지의 본론이다.

콩과식물에는 땅콩, 콩, 팥, 토끼풀, 아까시나무, 싸리나무, 등나무, 칡 따위가 있는데, 뿌리혹세균(질소고정세균)은 숙주식물인 콩과식물에서 받은 영양분으로 살아가면서 공기 중의 유리질소를 고정하여 그것을 숙주(콩과식물)에게 주므로 두 생물은 서로 함께 서로 도우며 살아간다.

콩이나 토끼풀을 꽃삽으로 뽑아보면, 뿌리에 붙은 동글동글한 혹(뿌리혹)들을 볼 수 있다. 혹 속에는 현미경으로 봐야 보이는 뿌리혹세균이 한가득 들어 있다. 먼저 콩과식물이 뿌리혹세균을 받아들이기

토끼풀의 뿌리혹

콩의 뿌리혹

위해 뿌리털에 실낱같은 필라멘트를 슬며시 뻗어내고, 그 끝에다 뿌리혹세균의 필라멘트가 들어올 수 있게끔 작은 구멍을 내어둔다. 그러면 뿌리혹세균들이 엿보고 있다가 얼른 필라멘트, 즉 균사를 뿌리털(근모) 안으로 넣어 잽싸게 서로 달라붙는다. 이를 융합이라 하는데, 일단 세균이 뿌리 안에 들어오고 나면 서둘러 뿌리털 끝의 문을 꽉 닫아버린다.

뿌리혹세균은 이제 삶터를 마련했으니 숙주식물에서 양분을 받아먹고 번식하는 일만 남았다. 그런데 식물과 세균 사이에는 서로를 알리고 알아내는 그들만의 신호 물질이 있어서 정해진 식물에 정해진

$$N_2 + 8e^- + 8H^+ \xrightarrow[\text{(질소고정효소)}]{\text{니트로게나아제}} 2\,NH_3 + H_2$$

$$16\,MgATP + 16\,H_2O \rightarrow 16\,MgADP + 16\,Pi$$

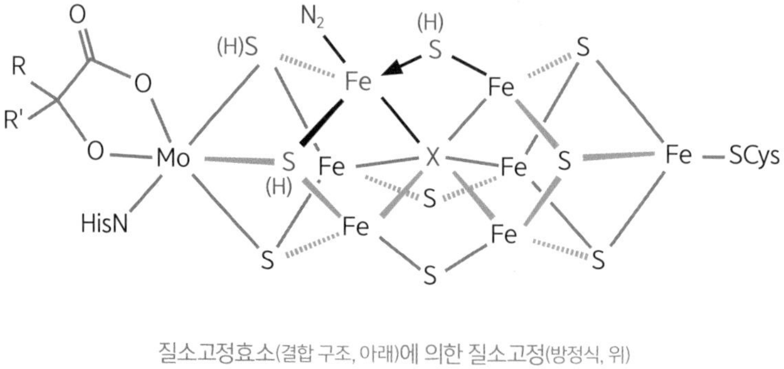

질소고정효소(결합 구조, 아래)에 의한 질소고정(방정식, 위)

짝꿍 세균만이 들어가니, 이를 '종 특이성'이라 한다. 이런 것을 '우주 같은 인연'이라 하는 것이리라! 다시 말해서 땅콩과 싸리나무에 사는 뿌리혹세균이 각각 다른 종이라는 뜻이다.

일단 뿌리에 들어가 자리를 잡은 세균은 재빠르게 증식해서 뿌리에 둥글둥글하고 커다란 뿌리혹, 바로 근류를 만든다. 뿌리혹세균은 뿌리에서 받은 전자로 공기 중의 유리질소(N_2)를 붙잡고, 니트로게나아제란 효소가 암모니아(NH_3)를(방정식 참조), 또 다른 세균들은 식물이 쓸 수 있는 암모늄이온(NH_4^+)이나 질산이온(NO_3^-)으로 전환(환원)하니 이것이 질소고정이다(그림 참조).

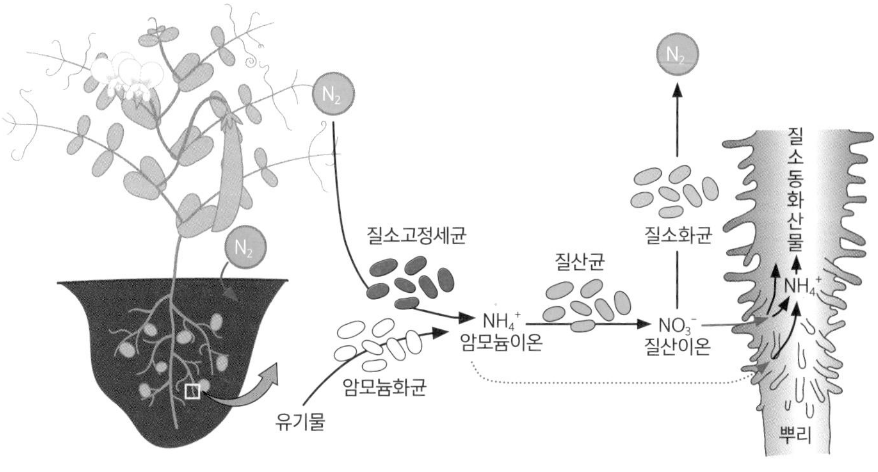

여러 세균이 유리질소(N_2)를 암모늄염이나 질산염으로 바꾸어, 이를 식물이 이용하는 모습

이런 엄청난 일은 오직 질소고정세균만이 해내는데, 이처럼 서로 없이 못 사는 '뿌리혹세균과 콩과식물과의 관계'가 곧바로 금실 좋은 부부의 모습이라 하겠다.

정말 특별난 능력을 지닌 신통한 뿌리혹세균이다! 콩과식물의 뿌리는 공중에 널려 있는 유리질소를 고정하는 커다란 비료공장인 셈이다. 사람들은 비싼 돈(에너지) 들여서 세균들의 흉내를 내고 있으니, 이것이 화학비료 공장에서 만들어내는 질소비료이다. 그런데 과학자들은 뿌리혹세균에 있는 '질소고정 유전인자'를 떡하니 벼나 밀 등의 다른 곡식 세포에 집어넣어, 스스로 질소를 고정하는 식물을 만들려고 한다. 질소비료를 주지 않아도 되는 꿈같은 일이 생기게 됐다!?

다시 말해서 콩과식물의 뿌리혹은 일종의 '질소비료 공장'이다. 뿌리혹에 든 질소고정세균은 공기 중의 유리질소를 암모니아, 암모늄으로 만들고, 암모늄을 질산으로 바꾸며, 또다시 질산을 식물에 흡수되는 질산염으로 바꾼다.

이렇게 뿌리혹세균은 숙주식물(콩과식물) 뿌리의 비료공장에서 만든, 단백질의 주요 원소인 질소 성분을 콩과식물에 공급하고 그 대신 숙주식물에서 탄수화물 등의 영양분을 받아 쓴다. 그래서 콩과식물과 뿌리혹세균은 서로 도움을 주고받는 상리공생을 한다.

다음은 요새 와서 갑자기 각광 받기 시작한, 콩과식물의 뿌리혹에 들어 있는 붉은 색소 물질 레그(콩)헤모글로빈 이야기다. leghemoglobin은 'legume(콩)+hemoglobin(헤모글로빈)'의 준말로, 콩헤모글로빈 또는 근류혈색소라 부르기도 한다.

콩과식물의 뿌리에는 동글동글한 뿌리혹들이 가득 달려 있는데, 이 속에는 콩과식물과 공생하는 세균인 '뿌리혹세균'이 한가득, 빈틈없이 빽빽하게 들어 있다. 그런데 뿌리에 달라붙은 뿌리혹을 짜개거나 으깨보면 빨간 피 같은 것이 나오니 바로 콩의 '뿌리혹헤모글로빈'이다. 이 뿌리혹헤모글로빈을 음식에 섞어 육류 흉내를 내기도 한다.

독자들도 잘 알다시피 헤모글로빈은 적혈구에 든 빨간 색소 단백질이다. 철 때문에 빨갛게 보이는 건데, 산소와 친화력이 강하여 포유동물 혈액에서 산소와 결합해 각 조직에 산소를 공급하는 역할을 한다. 그리고 식물인데도 불구하고 콩과식물의 뿌리에서만은 헤모글로빈과 비슷한 레그헤모글로빈이라는 단백질을 만들어 산소를 붙잡아 두고 질소고정에 쓴다.

콩과식물의 뿌리혹에서 사는 뿌리혹세균(*Rhizobium*)속(屬)의 질소고정효소는 산소농도에 무척 예민하다. 산소가 많이 있어야 그 기능을 발휘하기 때문이다. 식물은 산소를 잎의 기공을 통해 받을 수 있고, 심지어 낮에는 광합성작용에 의해 직접 잎에서 산소를 만들므로 산소를 따로 운반할 필요가 없다. 그래서 보통 식물은 헤모글로빈 같은 것이 일절 없다. 단, 콩과식물의 뿌리혹에서만은 예외로 식물인데도 산소가 필요하여 레그헤모글로빈을 만들며, 사람들은 그것을 대체육을 만드는 데 사용한다는 말이다.

아무튼 생물은 산소가 부족하면 산소를 가장 잘 운반하는 헤모글로빈을 만들어낸다. 그런데 콩과식물에 있는 뿌리혹헤모글로빈의 산소 결합능력이 놀랍게도 사람의 헤모글로빈보다 10배나 더 세다고 한다. 레그헤모글로빈의 구조는 동물의 헤모글로빈보다 오히려 근육 속에 함유된 미오글로빈을 닮았고, 동물과 콩과식물의 글로빈 단백질은 같은 조상에서 진화했다고 본다.

다시 말해서 콩의 레그헤모글로빈을 육류의 헤모글로빈을 대신하여 쓰고, 한마디로 식물성 육즙을 콩 뿌리에서 추출한 '레그헤모글로빈'에서 찾았다. 그리고 드디어 육류의 색깔, 맛, 질, 식감까지 닮은 대체육을 만들기에 이르렀다.

누차(거듭) 말해서 콩과식물의 뿌리혹에 있는 레그헤모글로빈은

대체육
식물 성분을 사용한 고기와 동물세포를 배양한 고기로 나뉜다.

철(Fe)을 함유한 붉은 호흡색소로서 동물의 헤모글로빈과 구조가 유사하다. 2021년에 맥도날드에서 대두(콩) 뿌리혹에서 추출한 레그헤모글로빈을 이용하여 소고기 색을 내는 대체육 패티를 넣어, 새로운 종류의 '임파서블 버거'를 만들었다고 한다. 이에 대체육 이야기를 좀 보탠다.

식물성 원료로 만든 '임파서블 버거'

벌겋게 달궈진 석쇠에 붉은 고깃덩어리를 올리자 지글지글 익는 소리와 함께 바닥 면이 노릇노릇하게 변하고, 뒤집개로 슬쩍 누르니 고깃덩이 사이사이에서 육즙이 흘러나온다. 결코 소고기나 돼지고기가 아니고 식물로 만든 가짜 인공육을 굽는 모습이다. 이렇게 대체육류가 다른 짐승 고기처럼 구수하고 육즙까지 구현하면서 채식주의자들에게 인기를 끌고 있으며, 채식주의자가 아니더라도 건강과 환경을 생각하는 소비자들의 관심을 받고 있다.

대체육류는 진짜 고기와 식별하기 어려울 정도로 실제 육류와 거의 흡사한 맛이 난다. 게다가 포화지방과 콜레스테롤은 물론이고, 열량까지도 낮아 햄버거·치킨·만두와 같은 식품에 이미 널리 쓰이고 있다고 한다.

배양 시설에서 동물세포를 키워 만들어내는 배양육

그리고 일본의 닛신식품과 도쿄대학교 생산기술연구소의 공동연구팀은 세포배양으로 인공육을 만들었다는데, 세포배양한 인공육이란 세포를 체외에서 조직 배양하여 얻는 고기를 말한다. 체외에서 입체 구조의 고기를 인공적으로 만들기 위해서는 근육 세포를 증식하고, 성숙시켜야 한다.

연구팀은 배양 과정에서 소 근육 세포에 비타민 C를 주었더니 근육 세포 성숙이 촉진되는 것도 확인했다. 또 두꺼운 배양 고기를 얻기 위해 소 근육 세포를 입체적으로 배양한 결과, 근육조직에 특유의 줄무늬가 나 있는 것을 얻었다고 했다. 아울러 "고기 본래의 식감을 가진 세포배양 스테이크의 실용화를 향한 첫걸음을 내디뎠다"라고 덧붙였다.

여기까지 흙냄새 물질인 지오스민, 뿌리혹박테리아의 질소고정, 근류세균과 콩과식물의 공생, 레그헤모글로빈의 특성, 인공육(대체육) 등을 살펴보았다.

05

딴 새집에 알을 맡기는 기생 새 뻐꾸기

탁란은

워낙 강력한 기생 전략이어서,

하는 쪽과 당하는 쪽 사이에

창과 방패의 진화 경쟁이 치열하다.

동네의 탁 트인 건물 꼭대기나 우뚝 선 전신주 피뢰침에 앉은 뻐꾸기 수놈 한 마리가 꼬리를 치켜들고, 목청을 한껏 높여 사랑 노래를 부르고 있다. "일찍 일어나는 새가 벌레를 잡고, 높이 나는 새가 멀리 본다"라고 했지.

녀석은 언제나 확 열린 높다란 곳에서, '뻐꾹뻐꾹' 세차게 소리를 내지른다. 뻐꾸기(*Cuculus canorus*)는 두견이과의 조류로, 학명의 뜻은 라틴어로 '노래하는(*canorus*) 뻐꾸기(*Cuculus*)'다. '뻐꾹새'라 불리기도 하는데 뻐꾸기, 뻐꾹새는 둘 다 표준어이다.

수놈의 울음은 절대로 구슬픈 노래가 아니다. 암놈을 꾀는 정겨운 노래이다. 참 부럽다. 고종명을 앞둔 이 필자의 귀에는 저 소리가 정녕 신비롭기까지 하다. 고종명이란 오복의 하나로, 제 명대로 살다가 편안히 죽음을 이른다.

오복이란 유교에서 이르는 다섯 가지의 복인데 보통 수(壽), 부(富),

강녕(康寧), 유호덕(攸好德, 덕을 좋아하여 즐겨 행함), 고종명(考終命)을 말하며, 유호덕과 고종명 대신 귀함과 자손이 많음을 꼽기도 한다.

그런데 매미나 개구리, 닭까지도 여느 동물이나 수놈은 잘 울어대지만 암놈은 죄다 음치다. 뻐꾸기 암놈도 다르지 않아서 '삣 빗 삐', 들릴락 말락 한 소리만 낼 뿐이다. 암놈들은 소리에너지까지도 아껴서 알 낳고 품어서 새끼 키움에 쓰겠다는 심사이다. 사람도 여러모로 남자보다는 여자가 훨씬 더 신체적 생리나 구조가 절약적인 것과 다르지 않다.

우리는 뻐꾸기를 '뻐꾹뻐꾹' 운다고 '뻐꾸기', 또는 '뻐꾹새'라 부르는데, 서양인들은 '쿡쿠, 쿡쿠' 한다고 'cuckoo'라 부른단다. 문화의 차이 때문이라 하지만, 같은 새 울음소리를 놓고도 동서양 사람들이 서로 다르게 듣고 부름이 무척 흥미롭다. 뻐꾸기는 세계적으로 4아종(亞種)이 있으며, 우리나라 것은 학명이 *C.c.canorus*이다.

그렇지만 저 뻐꾸기들은 분명히 지난해에 이 근방 숲에서 태어난 놈이리라. 녀석들은 제비처럼 제가 태어나 자란 곳(서식지)을 기억하여 대만이나 필리핀 등의 동남아시아에서 월동하고, 오뉴월에 귀신같이 찾아든다.

동물들이 제가 태어난 곳을 찾아오는 습성을 '회귀성'이라 하는데, 제비나 뻐꾸기는 물론이고 연어나 뱀장어들도 회귀성 어류가 아닌가. 유럽의 뻐꾸기는 겨울은 아프리카에서, 여름은 유럽에서 보내는 여름 철새이고, 영국에 사는 뻐꾸기 수명은 약 7년이라 한다.

서양인들은 '뻐꾸기'를 '어리석은 사람'이거나 '얼간이'에 비기니, 제가 스스로 새끼를 키우지 못하는 것을 비꼰 말일 것이다. 그런데 제 알을 제가 품지 않고(못 하고?) 딴 새 둥지에 몰래 알을 낳아 탁란(부화기생)하는 새(탁란조/기생조)는 모두가 두견이과로 우리나라에는 뻐꾸기, 두견이, 매사촌, 벙어리뻐꾸기, 검은등뻐꾸기 등이 있다.

두견새(두견이)는 꾀꼬리들의 둥지에, 뻐꾸기는 때까치, 알락할미새, 붉은머리오목눈이(뱁새)의 둥지에 역시 한 개씩을 낳는데 지구 전체 새의 약 1퍼센트가 얌체족인 탁란조라 한다. 새끼를 잘 키우는 새인 십자매에게 까다로운 금화조나 문조 따위의 알을 품게 하는 것도 일종의 탁란이다.

여기서 '뱁새'는 보통 이름이고, '붉은머리오목눈이'는 뱁새의 생물 이름(국명)이다. 즉, 보통 쓰는 이름은 뱁새이지만 학문적으로 옳은 이름은 붉은머리오목눈이며, 학명은 *Paradoxornis webbianus*이다. 그런데 그 이름을 '붉은 머리 오목눈이'로 띄어 쓰고 싶겠지만, 생물 이름은 아무리 길어도 반드시 붙여쓰기로 약속하였기 때문에 '붉은머리오목눈이'로 붙여 써야 한다. 또 "뱁새가 황새를 따라가면 다리가 찢어진다"라는 속담이 있는데, 힘에 겨운 일을 억지로 하면 도리어 해만 입는다는 뜻이다.

"뻐꾸기가 둥지를 틀었다"라고 하면 가능성이 없는, 웃기는 일을 놀리는 말이다. 그렇다. 탁란하는 새 어미는 알을 품지 못하므로 새끼도 따라서 안지 못한다. 받아보지 못한 사랑을 어찌 줄 줄 알겠는가. 사

→탁란할 둥지를 찾고 있는 어미 뻐꾸기

↑ 개개비 둥지에서 먼저 부화한 새끼 뻐꾸기가 등으로 개개비알을 밀어내고 있다.

←어미 개개비가 자기보다 덩치가 큰 새끼 뻐꾸기에게 먹이를 주고 있다.

랑도 흠뻑 받아봐야 듬뿍 줄 수 있는 법이다.

뻐꾸기 같은 탁란하는 새는 반드시 자기를 키워준 어미 새의 둥지에 알을 맡긴다고 한다. 키워준 어미와 자란 보금자리가 이미 각인되어 있기 때문인데, 다시 말하면 탁란하는 새(기생 새)와 탁란을 당하는 새(숙주 새)가 서로 짝이 정해져 있다. 무엇보다 둘의 알 색깔이 서로 같고, 모양도 닮았으며, 보통 탁란 새가 덩치가 크므로 알도 숙주 새보다 좀 크다.

그림을 보아도, 뻐꾸기는 새매를 쏙 빼닮았는데 그 까닭은 무엇일까? 탁란의 고수 뻐꾸기는 알을 떠맡기려는 숙주 새에게 겁을 주기 위해 포식자인 매를 닮도록 진화한 것이란다. 영국 케임브리지대학교 연구진은 기생 새 뻐꾸기와 숙주 새 개개비와의 관계를 연구한 결과, 개개비들이 새매를 닮은 뻐꾸기를 덜 공격하였으며, 덕분에 뻐꾸기가 방해받지 않고 쉽게 개개비 둥지에 알을 낳는 것으로 밝혀졌다고 한다.

수리과의 새로 천연기념물인 새매

다시 말해서 부리에서 꼬리까지 32~34센티미터, 날개 편 길이는 55~60센티미터인 뻐꾸기는 숙주 새의 포식자인 새매를 닮아서(의태) 다른 매의 공격을 받지 않을뿐더러 숙주 새의 공격도 받지 않고 알을 낳을 수 있다.

일례로 뱁새를 들어보자. 붉은머리오목눈이(뱁새)가 알(보통 3~5개)을 품고 있다가 잠깐 자리를 비운 사이에 여태 기회만 노리던 눈치 빠른 뻐꾸기 암컷이 잽싸게 달려들어, 알 하나를 깨먹거나 굴려 떨어뜨리고, 제 것 하나를 재빨리 낳고 줄행랑을 친다(이번에는 뱁새알과 비슷한 피란색 알이다). 그래서 돌아온 어미 뱁새는 알 숫자에 차이가 없어 안심하며, 비록 알 하나가 좀 크기는 하지만 색깔과 모양이 비슷하므로 문제 삼지 않는다.

이렇게 이 둥지 저 둥지를 50여 곳 돌아다니면서 12~13개의 알을 낳는 암놈 뻐꾸기는 꼭 한 집에 알 한 개만 낳는다. 더 낳으면 뱁새 어미가 다 키울 수 없다는 것을 뻐꾸기 어미는 잘 안다. 보통 새알이 부화하는 데는 14일이 걸리고, 뻐꾸기알은 9일이면 부화한다. 그래서 조금 늦게 낳아도 문제가 없다.

알에서 갓 깬 뻐꾸기 새끼는 별난 행패를 다 부린다. 부화 후 10시간이 지날 무렵에 드디어 망나니 본성이 발동하니, 홈이 진 등짝에 알이나 딱딱한 뱁새 새끼가 닿았다 하면 날갯죽지를 뒤틀어서 집 바깥으로 밀어내 버린다. 이렇게 하여 뱁새알은 죄 밀어내 버리고, 덩치 큰 뻐꾸기 새끼 한 마리가 뱁새 둥지를 독차지한다.

그것도 모르는 뱁새 어미는 알고도 속아주는 것일까, 제 몸을 삼킬 듯이 자란 뻐꾸기 새끼를 금이야 옥이야 보살펴 키운다. 영리한 자의 속임수란 말인가!? 뻐꾸기에게 탁란을 당하는 것은 피할 수 없는 숙명인가? 날개가 너덜거리도록 어미 뱁새가 먹이를 찾아 숲속을 힘들게 쏘다니고 있을 때, 뻐꾸기는 먼 나무 위에서 청아한 소리로 즐겁게 노래를 부르고 있도다.

낳고 기른, 두 어미를 가진 뻐꾸기! 뻐꾹새를 욕할 처지는 못 된다. 사람도 뻐꾸기 닮은 짓을 하니 하는 말이다. 비정한 부모에 의해 버려진 아이들이 있어 하는 말이다. 한 여성이 다른 남성과의 사이에서 난 자식을 배우자의 혈육으로 속인 채 기르는 행위에 대해 뻐꾸기에 빗대기도 하니, 독일에서는 여자가 다른 남자의 아이를 남편의 아이로 알게 해 함께 키운 자녀를 '뻐꾸기 아이'라 한다.

뻐꾸기는 아마도 옛날 그 옛날에는 제가 제 알을 품어 새끼치기했을 터인데 어쩌다가 알 품기를 못 하게 되고 말았을 것이다. 조류학자들이 결론을 내리지 못하고 있다지만, 이렇게 기생 새인 뻐꾸기나 두견새는 진화상으로 유리한 것일까? 우리는 뻐꾸기에서 배울 게 없다. 남에게 의존하기만 하는 새이니 말이다. 다만 우리 인간 사회에도 수많은 뻐꾸기와 두견이가 득실거리니 할 말이 없도다.

다음은 〈강원일보〉에 난 김남덕 기자(kim67@kwnews.co.kr)의 사진과 글(2022년 8월 2일 '뻐꾸기 탁란 실패기')이다.

"대리모로 새끼를 키우는 뻐꾸기가 양육에 실패했다. 지난달 20일 춘천의 한 농촌 마을 풀숲에 지은 붉은머리오목눈이(이하 뱁새)의 둥지

에 뻐꾸기가 자신의 알을 낳아 탁란을 시도했다. 뻐꾸기알은 뱁새의 어린 새끼 3마리가 부화하는 동안 부화하지 못했다. 뱁새는 뻐꾸기알 품기를 포기하고 자신의 3마리 새끼 키우기에 몰두하기 시작했다. 뻐꾸기 새끼가 태어났다면 3마리의 어린 뱁새는 모두 둥지 밖으로 밀려났을 것이다. 조류 전문가들은 뻐꾸기의 알이 무정란이거나 알을 늦게 낳아 부화하지 못한 것으로 보고 있다. 뱁새에게는 참으로 행운이 아닐 수 없다."

이제 민물고기의 탁란 이야기를 해보자. 아프리카 대륙에서 빅토리아호 다음으로 가장 큰 호수이며, 전 세계에서 가장 길이가 긴 담수호인 탕가니카호에는 시클리드 물고기에 탁란하는 기생 물고기 '뻐꾸기메기(*Synodontis multipunctatus*)'가 있다. 탕가니카호는 아프리카 동부에 있는 호수로 콩고민주공화국, 부룬디, 탄자니아, 잠비아에 걸쳐 있다.

뻐꾸기메기 암컷

자신의 알을 숙주에 맡겨 제 새끼처럼 기르게 하는 탁란은 매우 효과적인 기생 전략이다. 탁란이 얼마나 효과적인 전략인지 세계 조류 100종 이상이 이런 번식 방법을 채택한다. 이런 기생 새뿐 아니라 벌 등 일부 곤충과 물고기도 탁란 기생을 하며, 우리나라 하천에 사는 돌고기와 감돌고기가 꺽지에 탁란한다는 사실도 알려져 있다. 아무튼 탁란은 워낙 강력한 기생 전략이어서, 하는 쪽과 당하는 쪽 사이에 창과 방패의 진화 경쟁이 치열하다.

아프리카 탕가니카호에 서식하는 물고기인 시클리드는 알을 입에서 번식시키는 민물고기다. 시클리드 암컷은 호수 바닥 모래에 둥지를 짓고, 알을 낳은 뒤 재빨리 입으로 옮긴다. 이어 암컷은 수컷 뒷지느러미를 깨물어서, 자극받은 수컷의 정자를 받아 입속에서 알을 수정시킨다. 며칠 뒤 알에서 깬 치어는 안전한 입속에서 2~3주 동안 머물며 자란다.

동아프리카 시클리드의 한 종

그런데 빼꾸기메기가 노리는 건 시클리드가 모래 둥지에 알을 낳아 입에 담는 몇 초 사이다. 시클리드는 빼꾸기메기를 피하고 밀어내며 저항하지만, 서둘러 입에 담은 알에는 빼꾸기메기의 알이 섞이기 마련이다.

빼꾸기메기의 알은 빼꾸기처럼 숙주 시클리드알보다 먼저 부화하여 시클리드알을 마지막 하나까지 먹어 치운다. 이렇게 해서 시클리드 암컷은 엉뚱한 녀석의 새끼를 보호하느라 먹이도 제대로 먹지 못하고 몇 주를 보내게 된다.

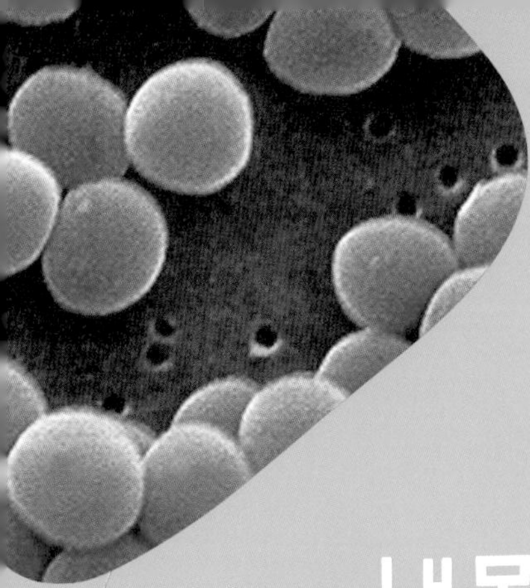

06

내 몸은 미생물 세상!

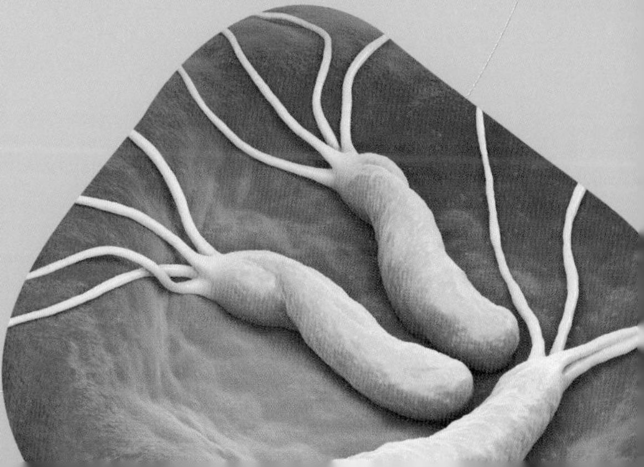

세균의 별천지요, 전시장인 대장에는

내용물 1그램에 천억에서 1조 마리의 세균이 산다.

그것들은 대부분 착한 세균들인데,

힘을 잃으면 설사나 다른 병을 일으키는

해로운 병원균들이 맥도 못 추고 잠복해 있다가

그때 들고일어나 병을 유발한다.

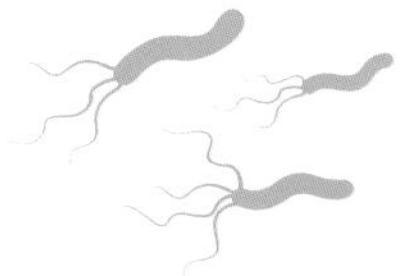

미생물이란 박테리아나 원생동물, 버섯이나 곰팡이 등의 균류처럼 크기가 너무 작아서 현미경으로나 볼 수 있는 작은 생물 따위를 말한다. 만일에 우리 눈이 현미경처럼 작은 미생물까지 볼 수 있었다면 어쩔 뻔했나. 공중에 떠다니는 먼지나 세균, 곰팡이의 홀씨(포자)가 콩알만 하게 보이고 국수, 냉면의 사리가 동아줄만 하게 보였다면 말이다. 모든 것이 온통 눈 앞을 가리니 옴짝달싹을 할 수 없었겠다.

과유불급이라 하였다. 넘치는 것과 모자람은 같은 것. 다시 말해 넘침은 모자람만 못할 경우가 많다. 밥도 많이 먹으면 배탈이 나고, 운동도 힘겹게 하면 몸을 다친다. 사람의 눈은 0.1밀리미터 남짓까지만 볼 수 있고, 그보다 작은 것은 볼 수 없다. 그런 것은 현미경으로 봐야 한다.

바이러스 이야기다. 미생물이란 세균(박테리아), 곰팡이(균류), 원생생물, 바이러스 따위를 통틀어 부르는 것이며, 바이러스는 세균이나 곰팡이보다 더 작고 구조도 아주 간단하다. 바이러스는 산 세포 속에 있으면 번식하므로 '생물'이지만 따로 세포 밖에 있으면 '무생물'인, 오직 하나의 '입자'에 지나지 않는다. 그래서 바이러스를 세포라 부르지 않고 입자라 한다.

기본적으로 바이러스 입자 속에는 핵산이 들었고, 그 겉은 단백질과 지질 껍질이 싸고 있다. 아직도 온 세상 사람들이 RNA 바이러스인 코로나 바이러스에 혼쭐이 나고 있고, 필자도 놈들에 걸려서 일수일간 곤욕스러웠다.

미생물은 아주 작은 미물(微物)이면서도 사람에게 이로운 일을 많이 하기에 예쁜 물건, 미물(美物)이라 불러도 좋다. 딴말로 미생물은 인간에 해(유해균)가 되기보다는 이익을 주는 유익균이 되는 수가 훨씬 더 많다. 물론 병원균 일부는 까탈을 부리지만, 그 수는 아주 예외일 만큼 적을 뿐이다.

우리 몸(세포)과 몸 세균들은 서로 도우며 사는 공생을 한다. 그리고 우리 몸의 내장 세균은 소화·면역·비만·천식 등의 건강에 엄청난 영향을 미친다고 한다. 그런가 하면 한 사람의 체내·체외에 터전을 잡은 미생물(주로 세균임) 수가 약 100조 개인 체세포와 맞먹거나, 체세포의 10배가 넘을 것으로 추정하기도 한다. 따라서 우리 몸은 하나의 거대한 미생물 생태계를 이루고 있다.

뭐니 뭐니 해도 사람 몸의 세균은 소화기관에 제일 많으며, 그중에서도 대장에 가장 많다. 세균은 일반적으로 생존에 필요한 영양분을 스스로 만들지 못하고 주위 환경으로부터 얻으므로, 우리 몸에서도 영양분이 많은 곳에 몰려 있다. 음식물 찌꺼기나 소화가 안 된 음식을 분해하여 그 에너지로 살기에 소화기관에 가장 많을 수밖에 없다. 그 무게만도 1.5킬로그램에 이른다고 한다.

내장에 사는 자생 세균의 99퍼센트는 공기(산소) 속에서 자라지 못하는 혐기성세균이며, 물론 그들과 함께 사는 일부 곰팡이, 원생동물, 고세균 따위의 기능은 거의 알려지지 않았다. 이렇게 우리 몸은 안팎으로 복잡한 미생물 생태계를 이루니 피부, 입, 인두, 후두, 기관지, 생식기, 소화기관 등등 어디에도 늘 미생물이 그득하고, 우글거린다.

최근 과학계에는 "내 몸의 주인이 내가 아니라 '미생물'일 수 있다"라는 말이 자주 쓰인다. 미생물이 숙주인 사람의 건강, 행동, 성격 등을 조종할 수 있다는 것이다. 인체 미생물 군집은 피부, 구강 및 호흡기, 비뇨기, 장관계 등 다양한 장기에 존재하고 있고, 다른 어느 부위보다 장내 공생미생물의 수가 월등히 많으며, 장내 미생물이 숙주의 발육과 분화에 큰 영향을 미친다.

사실 우리 인간도 이 미생물들 없이 살 수 없다. 그들이 바깥 살갗은 물론이고 몸 안인 입안, 위장, 소장, 대장 등등에서 서식하면서 인간을 여러모로 도우며 더불어 살아가니 하는 말이다. 어디 그뿐인가. 생물이 죽는 날에는 이 미생물들이 깨끗이 썩혀준다. 다른 말로 미생물은 자연생태계에서 분해자로 아주 중요한 몫을 한다.

생태계는 녹색식물(생산자)과 녹색식물을 먹고 사는 동물(소비자) 그리고 그것들의 시체나 배설물을 썩혀주는 미생물(분해자)로 구성되어 있다. 그뿐만이 아니다. 무엇보다 미생물이 없었다면 술, 식초 맛을 보긴 다 틀렸고, 김치나 된장, 고추장, 치즈, 요구르트 등 발효식품들의 맛도 볼 수 없을 뻔했다.

사람 몸에서 가장 다양한 종류의 미생물이 제일 많이 사는 장소는 큰창자(대장)이다. 세균 종류가 무려 4,000여 종이나 된다고 한다. 그리고 코안에 900종, 여성의 질에 300종, 입속에만 적어도 400여 종의 미생물이 살고 있으며, 사람에 따라 몸의 부위마다 분포하는 미생물의 종류나 수가 각각 다르다.

① 피부

피부(살갗)에 사는 미생물을 보자. 피부 세균은 땀이나 피지선, 각질을 영양분으로 이용하기 때문에 땀과 피지의 분비가 활발한 얼굴이나 겨드랑이 그리고 각질이 많이 생기는 발바닥에 많으며, 얼굴, 겨드랑이, 발바닥에는 1제곱센티미터당 1,000~100만 개(마리)의 세균이 있다.

사람 피부는 건조한 편이라서 미생물이 잘 살지 못하지만 그래도 1제곱센티미터 넓이에 평균 100여 마리의 세균이 산다. 평상시에는 땀구멍이나 그 주위에 많고, 몸에 땀이 나면 갑자기 번식하여 시큼한 냄새를 풍긴다.

땀은 단순한 물이 아니라 염분, 아미노산, 지방산, 젖산이 들어 있으며, 세균이 땀 성분을 분해하여 지방산이나 암모니아를 생기게 하니 그것이 땀 냄새다. 흔히 말하는 퀴퀴한 발 냄새도 같은 원리로, 발의 땀을 세균들이 분해한 탓이다. 털집(모낭)에 사는 세균은 여드름을 만들고, 발가락의 곰팡이는 무좀을, 또 균류의 일종인 곰팡이가 머리에 더께로 쌓인 비듬을 만든다. 온통 미생물 세상이다!

우리 살갗에 늘 붙어사는, 붙박이요 터줏대감인 상재균은 말할 필요 없이 살갗에 이롭다. 피부는 피부 세균의 서식처(삶터)로, 우리 몸에 해로운 병원미생물을 죽이거나 못 살게 쫓아버린다. 세균끼리도 자리다툼을 한다. 그러므로 살갗을 너무 깨끗이 하면 상재균이 없어져서 병원미생물이 날뛰어 피부를 해친다.

감히 말하지만 아토피 따위의 피부병이나 소아마비도 죄다 너무 청결히 한 탓에 생긴다. 그러니 엔간하면 몸에 묻은 때나 세균의 씨를 말리겠다고 비누칠을 듬뿍 넘치게 하거나, 함부로 때수건으로 세게 빡빡 밀면 건강한 피부 세균 생태계를 망가뜨린다.

그리고 보통(건강할) 때 병원균과 함께 지내므로 병균에 대한 면역력을 키워둬야 한다. 목욕, 샤워를 너무 자주 하거나, 비누나 샴푸를 지나치게 많이 쓰면 오히려 착한(이로운) 박테리아를 해쳐서 피부에 나쁜 영향을 준다. 암튼, 우리 살갗의 세균은 결코 퇴치의 상대가 아니라 공존의 대상이라는 말이다.

우리 몸은 미생물 천지요 천국이렷다! 피부 세균은 유기산을 만

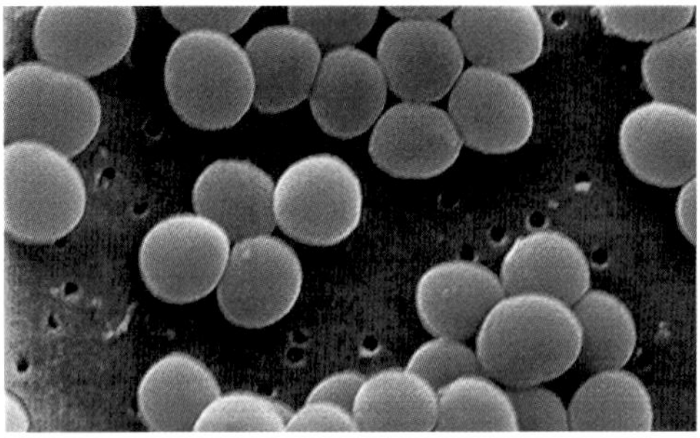
피부와 코점막에서 흔히 발견되는 황색포도상구균

들고, 이 유기산이 피부의 표면을 약산성으로 만들어 병균들이 번식하기 어려운 환경을 만든다. 그리고 피부 상재균이 병원균의 영양분이 되는 땀과 피지, 각질 등을 그때그때 먹어 치우기 때문에 병원균이 번식하지 못한다. 붙박이 세균은 식중독을 일으키는 황색포도상구균(*Staphylococcus aureus*)을 죽이는 항균, 항생 물질을 분비하기도 한다.

② 입안

입안의 미생물은 거지반(거의) 세균으로 400～600여 종이나 되며, 침 1밀리리터(*ml*, 1*l*의 1,000분의 1)에 세균이 1,000여 마리가 들었다고 한다. 잇몸이나 충치의 원인 세균인, 연쇄상구균 종류인 무탄스(*Streptococcus mutans*) 무리가 해로운 세균인데, 이들은 포도당을 발효해 젖산 등의 여러 유기산을 만들어 이를 녹여 구멍을 낸다.

치아에는 심지어 원생동물인 치은(잇몸)아메바(*Entamoeba gingivalis*)까지도 스멀스멀 기어 다닌다. 침(타액)에는 수많은 세균이 들어 있다.

그래서 이를테면 손을 맞잡는 악수가 세균, 바이러스의 교환이듯 입맞춤 또한 세균의 주고받음이렷다.

③ 요도

요도(오줌길)에는 보통 대장균이나 젖산균이 사는데, 소변 1밀리리터에 1,000개 이하의 균이 발견되기도 한다. 요도염은 임균, 포도상구균, 대장균 따위의 감염에 의해 요도에 생기는 염증으로 요도에 가려움증과 통증을 느끼며, 심하면 요도에서 고름이나 점액이 나온다.

또 질염은 질 점막에 생기는 염증으로 여성의 질에는 글리코겐을 분해해 산을 만드는 젖산균이 살고 있어서 젖산균이 만드는 산 때문에 산성이 유지되어 다른 병원균이 살기 어려운 환경이 된다. 반면에 건강한 사람의 폐나 신장, 심장, 방광, 뇌 등의 장기에는 세균이 없고, 뼈나 근육 등의 조직, 혈액, 분비 전의 침과 같은 체액도 무균상태이다.

④ 태아

산모 몸속의 태아에는 세균이 없다. 그런데 태아는 태어나면서 모체의 산도 세균들을 받고, 수유를 통해 여러 종류의 세균이 옮겨진다. 결국 엄마는 유전자뿐 아니라 세균까지도 아기에게 전해주는 셈이다.

다시 말해서 무균상태인 모체 자궁에서 지내던 벌거숭이 태아는 세상에 나오면서 산모의 질이나 항문에 있던 뭇 미생물을 고루 물려받고, 모유 수유로 드디어 세균들이 몸 안에 깃들이면서 '세균 생태계'가 형성되기 시작한다.

그래서 제왕절개로 태어난 갓난쟁이들은 모체 세균과 접촉이 이뤄지지 못해 정상분만한 태아에 비해 많은 뒤탈(부작용)이 따른다고 한다. 태어나 제일 먼저 내장에 자리잡는 세균의 종류에 따라 그 사람의 수명에도 영향을 미친다고 하니 말이다.

제왕절개로 태어난 아이는 최소한 6개월이 지나야 내장 세균총(세균 군집)이 제대로 자리를 잡지만, 순산하면 한 달 안에 세균 무리가 몸 안팎에 완전히 제자리를 잡는다. 즉, 제왕절개분만을 하여 항생제를 많이 쓰거나 분유를 먹으면 정상분만하여 모유를 먹은 아이와 미생물 군집 구성에서 많은 차이가 나게 된다. 그리고 영양결핍인 유아는 건강한 아이보다 장 세균 군집이 불완전하고 덜 다양하다고 한다.

⑤ 위

위에는 아주 강한 위산인 염산(HCl)이 음식에 묻어 들어온 세균들을 거의 다 죽인다. 그러나 위벽을 파고 들어가 멀쩡하게 살아가는 세균이 있으니 말썽꾸러기 헬리코박터 파일로리(*Helicobacter pylori*)다. 그 녀석이 그 강한 염산에 타죽지 않고 살아남는 것은 요소[$(NH_2)_2CO$]를 분해하여 이산화탄소(CO_2)와 암모니아(NH_3)를 생성하고, 그때 생긴 알칼리성인 암모니아가 산성인 염산을 중화한 탓이다.

위액은 화장실 바닥의 때도 녹여낼 정도로 강한 염산이라 한다. 위액 역류는 식도 괄약근의 조이는 힘이 약하여 열려서 위액이 식도를 타고 역류하는 현상을 말하는데, 위액이 식도로 거꾸로 넘어와 식도 점막을 자극하여 가슴이 쓰리고 아픈 증상을 일으킨다. 심하면 역류성식도염, 식도 궤양, 식도 협착 따위를 유발한다. 또 식도를 지나 목까지 넘어와 후두염을 일으키거나 천식, 만성 기침이 나타나게 한다.

헬리코박터 파일로리는 위염이나 위궤양·위암·십이지장궤양 등을 일으키는 세균이다. 몸체(길이 3㎛, 지름 0.5㎛)보다 훨씬 더 긴 나선상의 편모가 4~6개 있어서 '위나선균'이라고도 불리는데, 운동성이 매우 강하다.

학명의 속명 헬리코박터(*Helicobacter*)는 '꼬불꼬불한 모양의 세균'이란 뜻이고, 종명 파일로리(*pylori*)는 위장 아래 유문에 많이 살기에 얻은 이름이다. 다시 말하면 소화기관인 위는 강한 산성인 위산을 분비하여 건강한 사람의 위에는 세균이 살기 힘들지만, 병원균인 헬리코박터 파일로리는 산다.

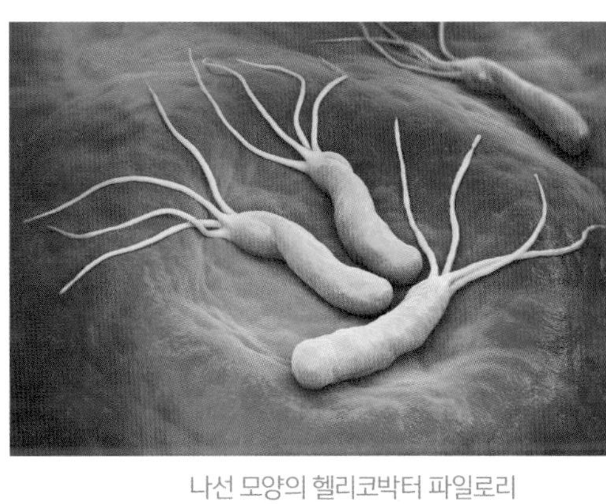
나선 모양의 헬리코박터 파일로리

한편, 내장 미생물총(균총)이란 인간 및 다른 동물의 소화관에 사는 복잡한 미생물 군집을 뜻하는데, 사람의 내장 미생물총은 신체의 다른 부위와 비교하여 그 종과 수가 가장 많다고 한다.

⑥ 소장

소장(작은창자)의 점액(장액) 1밀리리터에는 10만 마리의 세균이 살고 있으며, 정확히 밝혀지지 않았다지만 초식동물처럼 일부 분해되지 않는 탄수화물을 세균이 분해하여 소장이 흡수하는 것으로 알려졌다. 소장에도 미생물이 있긴 하나 인체 대사에 별로 중요하지 않으므로 무시되었고, 그래서 특별히 소장 미생물의 역할이 알려지지 않았다고 한다.

다시 말해서 소장에도 세균들이 살고 있다지만 대장에 비하면 수가 적은 데다가 양도 매우 적다. 다른 소화기관에 생기는 암의 빈도에 비하면 소장암이 극히 드물다는 것도 매우 흥미로운 사실이다.

⑦ 대장

대장(큰창자)은 맹장(막창자), 충양돌기(충수/막창자꼬리), 결장(잘록창자), 직장(곧창자) 및 항문관들로 구성된다. 대장에 공생하는 장내 미생물은 4,000여 종으로 그중 30~40종이 99퍼센트를 차지한다고 한다. 건강 상태나 나이, 먹은 음식에 따라 세균의 종류와 양이 달라진다.

걸쭉한 대장 점액 1밀리리터에 10억 마리 이상의 대장균이 산다니 누가 뭐래도 대장은 세균의 별세계임이 틀림없다. 거기에 서식하는 대표적인 세균(대장균)은 '*Escherichia coli*'이다. 장 세균의 총 무게로 환산하면 약 1.5킬로그램이 되고, 대변의 건조중량(말린 무게) 60퍼센트가 바로 대장 미생물이라 하니 아뿔싸, 똥 덩이가 온전히 대장 세균 덩어리라는 말이렷다!?

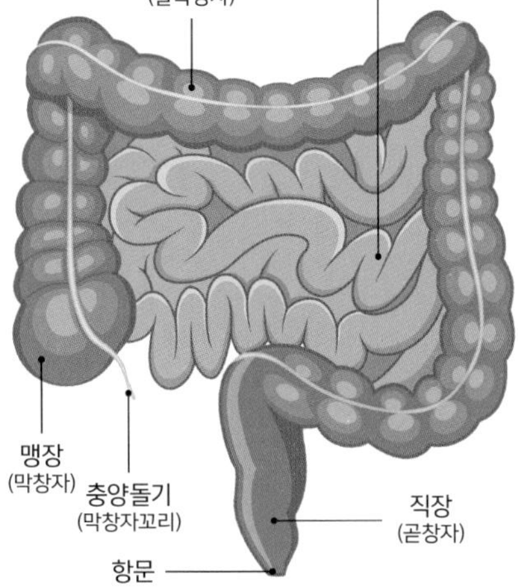

소장과 대장

대장 끝에 달린 '막창자꼬리'라 불리는 새끼손가락만 한 충양돌기는 오랫동안 필요 없는 기관이라고 생각돼 와서, 어떤 이유로 개복수술을 할 때면 잘라내기 일쑤였다. 그런데 이곳이 착한 박테리아가 숨는 공간이라는 게 새롭게 밝혀졌다.

설사병이 나서 장 속의 박테리아가 모두 비워졌을 때나, 항생제를 오래 먹어 대장세균이 다 죽어버렸을 적에도 병이 낫고 나면 충양돌기에 숨어(묻어) 있던 장 세균이 텅 빈 대장 속을 채운다.

장내 세균은 음식물 찌꺼기를 분해하여 필요한 에너지원을 얻는데, 이 과정에서 사람이 소화할 수 없는 다당류를 분해하여 소화를 돕고, 사람에게 필요한 다른 여러 영양분도 만든다. 산성 물질까지 만들어내기 때문에 장 내부는 병원균이 살기 어려운 환경이 된다. 이 밖에도 장내 세균이 천식, 류머티즘성 관절염, 당뇨병, 아토피, 비만 등과 연관이 있다는 연구 결과들이 많이 있다.

그중에서 비만 이야기다. 알다시피 많이 먹고, 움직이지 않으면 지방이 쌓인 뚱보가 된다. 위는 배고픔을 알리는 식욕 촉진 호르몬인 그렐린을 조절하고, 장내 세균은 지방 세포에서 분비되는 식욕 억제 단백질 호르몬인 렙틴의 양을 조정한다. 그러므로 장내 세균이 없으면 호르몬 조절을 못 해 과체중이 된다.

또 장내 세균은 비타민과 장의 염증을 억제하는 화합물 등 인간이 스스로 생산하지 못하는 유익한 물질을 만들어낸다고 한다. 대장 속에 사는 미생물은 '제3의 장기'라 불릴 정도로 중요한 일들을 하는데, 몇 가지 비타민을 만들고 사람이 소화시킬 수 없는 탄수화물이나 단백질의 소화도 돕는다. 그리고 몸의 면역계를 자극하여 항체의 근원이 되는 물질을 만들어내기도 하므로 면역에도 지대한 영향을 미친다.

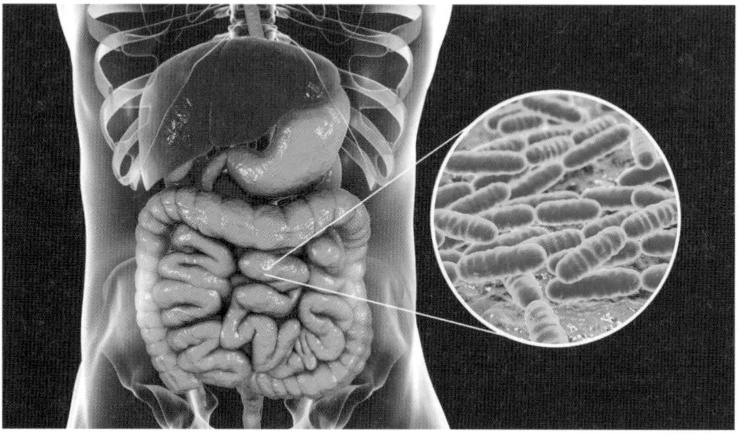

사람이나 동물의 장에 사는 대장균

장내 정상 세균들이 내장(대장) 벽의 림프계를 자극하여 점액 상피에 유해 세균 번식을 억제하고, 항체 형성으로 면역계를 건강하게 하여 알레르기 예방도 하며, 면역계에서 중요한 T세포 생성을 활발하게 하여 저항력이 있는 건강한 몸을 유지하게 한다. 장내 세균들의 생태계 균형이 깨지면 대장염, 과민성장증후군 등의 증상도 생긴다.

예전에는 장과 뇌가 상호작용이 없다고 생각했지만 지금은 장과 뇌 사이에 연결축(장-뇌 축)이 존재한다고 생각한다. 일례로 독성이 있는 물질을 먹었을 때 장 세균들이 이에 반응하여, 뇌가 구토나 설사를 일으키도록 신호를 보내 신체를 보호할 수 있는 메커니즘을 발달시켰다고 보고 있다. 그래서 장을 '제2의 뇌'라 부르기도 한다.

한마디로 뇌가 장운동이나 장액 분비, 영양 흡수, 장내 미생물 군집을 고르게 조절하고, 한편으로 장내 미생물 군집은 신경전달물질을 통해 스트레스, 정서, 행동의 변화를 조절하니 이를 '장-뇌 축'이라 한다. 그리고 당뇨, 위궤양, 간 질환, 암, 중추신경계 이상까지도 모두 장 세균총의 기능과 관계가 있음이 알려졌다.

⑧ 프로바이오틱스와 프리바이오틱스

세균의 별천지요, 전시장인 대장에는 내용물 1그램에 천억에서 1조 마리의 세균이 산다. 그것들은 대부분 착한(유익한) 세균들인데, 힘을 잃으면 설사나 다른 병을 일으키는 해로운 병원균들이 맥도 못 추고 잠복해 있다가 그때 들고일어나 병을 유발한다.

유익균과 유해균은 경쟁 관계에 있기에 대장 속의 유익한 세균들이 세력을 얻어 평화를 유지하면 그 사람은 건강하다. 힘의 균형을 맞추기 위해 세균끼리도 언제나 다툼이 있다는 말인데, 그래서 이로운 세균에 힘을 실어주느라 요구르트나 김치(국물) 따위를 통해 젖산균(유산균)을 보태준다. 우리가 마시거나 먹는 요구르트 속의 젖산균은 음식이나 대변에 든 매우 이로운 세균만을 순수분리하여 대량 배양한 것이다.

그러면 옛날 사람들은 어떻게 대장을 위한 미생물을 보충했을까? 우리는 젖산발효로 만들어진 발효식품인 김치, 물김치, 고추장, 된장, 청국장 등으로 채웠고, 서양 사람들은 요구르트, 치즈 따위로 채웠다. 김치나 요구르트에 많이 든 젖산균 같은 이로운 세균을 '프로바이오틱스'라 하고, 그것들의 먹잇감을 '프리바이오틱스'라 한다.

주로 프로바이오틱스(생균)나 프리바이오틱스를 청국장, 요구르트 등의 발효식품에서 얻는데, 근래는 달큼하고 시큼한 가루로 된 건강기능보조식품을 통해 얻기도 한다. 보조 식품의 프리바이오틱스는 올리고당, 프럭토올리고당, 이눌린, 갈락토올리고당 따위의 올리고당류가 대표적으로, 올리고당이란 다당류 가운데 구조가 비교적 간단하고 용해도나 맛, 화학적 성질이 단당류와 비슷한 당을 말한다.

한편, 장내의 쓸모 있는 미생물의 생육이나 활성을 촉진하는 프로바이오틱스를 강박장애나 주의력결핍과잉행동장애(ADHD)인 사람에까지 처방한다니 정신건강에도 장 미생물이 영향을 미친다는 이야기다.

장이 튼실해야 마음과 몸이 튼튼하다! 그러므로 대장세균이 얼마나 중요한가를 알고 여러 발효식품을 고루 먹고, 약국에서 파는 다양한 종류의 프리바이오틱스나 프로바이오틱스를 보충하여 섭취하는 것도 좋다.

대장에서 자라면서 우리 몸에 이익이 되는 세균인 프로바이오틱스는 대표적으로 젖산균(*Lactobacillus*), 비피더스균(*Bifidobacterium bifidus*)이 있다. 이 세균들은 소화와 양분의 흡수를 도우며, 면역력을 키우는 등 인간의 건강에 없어서는 안 되는 장내 미생물이다.

우리 몸에 이로운 장내 미생물인 프로바이오틱스의 자람을 빠르게 하거나 활발하게 하는 먹이인 프리바이오틱스로는 가장 잘 알려진 것이 식이섬유이다. 식이 섬유소(셀룰로스)는 위나 소장에서 소화가 되지 않고 대장으로 내려가서 유익한 세균의 먹잇감이 된다. 고구마, 우엉, 해초, 과일, 곡식, 버섯, 채소, 된장, 청국장 등등의 음식도 아주 좋은 프리바이오틱스이다.

끝으로 '대변이식'을 설명한다. 장의 미생물 군집을 파괴하는 요인에는 항생제, 스트레스, 기생충 등이 있다. 그런데 바짝 야윈 사람의 장내 미생물(대변)을 비만한 사람에게 주입하여 비만을 치료할 수 있으며, 반대 현상도 증명됐다.

그뿐만 아니라 건강한 사람의 장내 미생물을 치료가 어려운 장염을 앓고 있는 환자에게 주입하자 완치됐고, 오랫동안 항생제 치료를 받은, 장 세균이 다 죽은 암 환자에게도 효과가 입증되었으니 그것이 바로 '대변이식'이라는 치료법이다. 장 질환이 발생할 때 장내 미생물의 종 다양성을 확보하기 위해 건강한 사람의 대변을 환자의 장에 집어넣어 세균총 변화를 유도하는 방법인데, 건강한 사람의 대변을 걸러 찌꺼기를 없애고 냉동 보관해 뒀다가 환자에게 주입한다.

07

흰개미와 트리코님파의 운명적인 공생

흰개미는 트리코님파에게 삶터를 제공하고,
트리코님파는 섬유소를 분해하여
흰개미에게 양분을 공급한다.
사실 이들의 관계는 사람과 내장 세균이
서로 도우며 사는 것과
조금도 다르지 않다. 아니, 똑같다.

흰개미는 지구에 최초로 나타난 사회성 동물로 군체를 이루고, 계급이 있으며, 바퀴목(目)에 속하는 곤충이다. 분류학적으로 흰개미는 이름과 다르게 개미보다 오히려 바퀴벌레나 사마귀에 더 가깝다.

사실 흰개미는 벌목인 개미와 생물학적인 관계가 낮으며, 굳이 말한다면 개미가 아닌 벌과 더 관련이 깊다. 흰개미는 대부분 열대지방에 많고, 남극을 제외하고는 다 산다. 우리나라에 나는 한국흰개미는 세계에 존재하는 3,000여 종 중 하나이다.

흰개미는 불완전변태를 하여 유충과 성충의 형태가 유사하고, 가슴과 배가 구분되지 않으며, 염주 모양의 더듬이가 있고, 겹눈은 퇴화한 경우가 많다. 흰개미는 농경의 관점으로 보면 이로움과 해로움이 공존하는 생물로, 죽은 나뭇가지나 잎을 처리하기 때문에 땅을 비옥하게는 하지만 농작물을 갉아 먹어 피해를 준다.

다시 말해서 생태학적으로 보아 썩은 식물을 빨리 분해하여 자연

썩은 나무를 먹고 있는 흰개미 떼

의 순환을 돕는 이로운 무리이나 건물을 상하게 하고, 곡식이나 숲을 망가뜨리는 해로운 곤충이기도 하다.

흰개미는 주로 썩은 나무를 갉아 먹고 사는데, 우리나라의 것도 고목의 밑둥치나 오래된 집의 기둥 속에 틀어박혀 재목을 먹으며, 한때 목조건물인 해인사의 기둥을 갉아 먹어 골치를 썩힌 적도 있다. 흰개미는 사실 못 먹는 게 없어서 나무는 물론이고 고무도 먹어 치우며, 심지어 상처를 입거나 죽은 동료를 그 자리에서 뜯어 먹어 없애 버리기도 한다.

앞에서도 말했듯 흰개미는 불완전변태를 하는 곤충이다. 즉, 완전변태를 하는 개미와 달리 번데기 시기가 없고, 알, 애벌레(약충), 성체 단계를 거친다. 다리가 짧고, 허리가 굵으며, 투명한 흰색이라 개미와 구별된다. 개미는 여왕이 사회를 이끌지만, 흰개미는 여왕과 왕이 함께 군체를 통솔한다.

흰개미는 주로 굴속, 나무둥치 안 등 빛이 들지 않는 곳에 살아서 몸에 색소가 없어져 하얘지고 말았다. 흰개미, 개미, 벌 모두 여왕이 있고, 일하는 놈, 수놈, 집지킴이가 있으며 일종의 군집생활, 즉 사회생활을 한다는 점은 같다.

차이가 있다면 흰개미는 주로 썩은 나무(섬유소)를 먹는데, 개미나 벌은 벌레를 잡아먹거나 꿀을 따 먹는다는 것이다. 한편, 어떤 민족은 흰개미를 식용하거나 민간약으로 쓰기도 한다.

흰개미 군체는 수백 마리에서 300만~400만 마리를 이루며, 일반적으로 불임인 '일개미, 병정개미'와 가임인 '왕개미와 여왕개미'로 구성되었다. 좀 더 구체적으로 말하면 흰개미 군집에는 여왕개미(1차 여왕개미), 일개미, 병정개미 외에 왕개미와 생식충이 존재한다.

약충에서 성숙한 일개미는 흰색을 띠며 큰턱이 발달했고, 몸은 경화(硬化, 굳어짐)되었으며 머리는 난형, 원형으로 다소 편평하다. 먹이를 모아 오고, 저장하며, 새끼를 보살핀다. 역시 약충에서 성숙한 병정개미는 머리가 크고, 잘 발달한 큰턱을 공격과 방어에 사용한다.

병정개미는 종에 따라서는 이마가 뾰족하고 그 끝에는 점액샘이 있어 유백색 액을 내놓으니, 그 분비물로 적을 퇴치한다. 더듬이는 염주 모양으로 10~32마디이나 실 모양인 것도 있다. 병정개미는 불임인 수컷과 암컷으로 구성되고, 몸은 심하게 각질화되었으며, 머리와 턱이 매우 크기 때문에 제대로 먹이를 섭취하지 못하여 일개미에게 먹이를 공급받는 수도 있다. 당연히 일개미보다 덩치가 크며, 일개미와 마찬가지로 대부분 겹눈이 매우 작거나 없다.

여왕개미는 수명이 30~50년가량으로 매미 유충만큼이나 곤충계에선 장수하는 종이다. 보통 때는 몸이 1~2센티미터지만 알을 낳기 시작하면 몸집이 불어나 무려 11센티미터에 이르고, 흔히 말하는 '알 낳는 기계'가 된다. 어떤 종은 매일 3만 6000개나 되는 알을 30~50년간이나 낳는다고 하니 그렇게 불릴 만하다.

여왕개미는 종에 따라 해마다 특정한 시기에 날개가 있는 생식충인 유시충을 생산하며, 결혼비행이 시작되면 거대한 무리가 군체에서

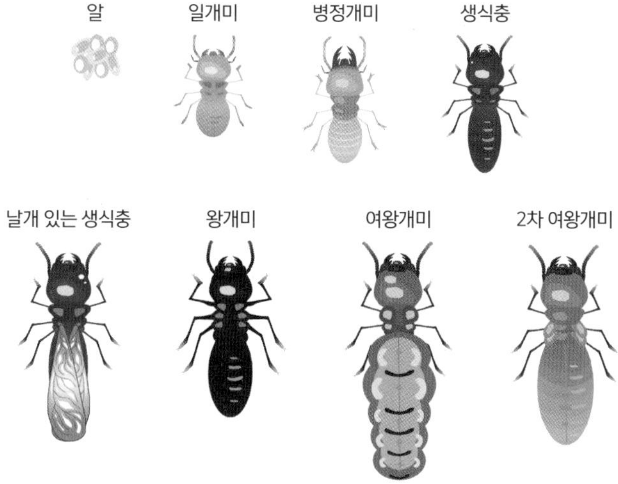

흰개미 군체의 여러 계급

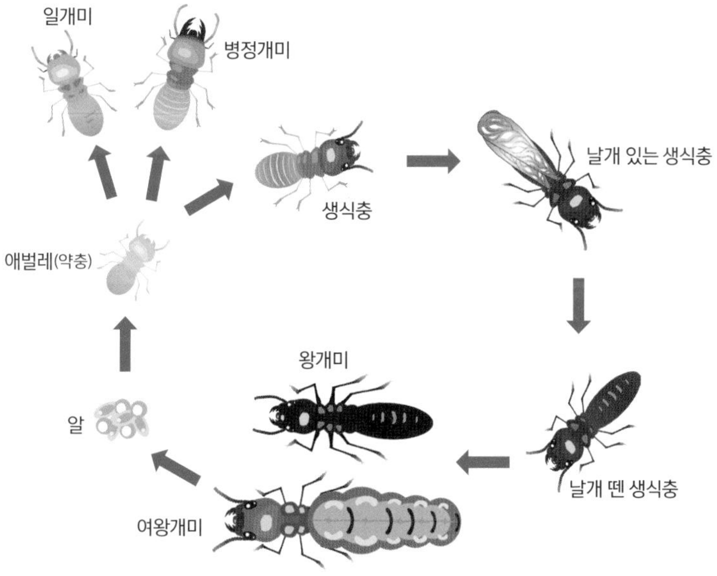

흰개미의 한살이

결혼비행을 위한 날개가 달린 생식충(공주개미)

빠져나온다. 그리고 결혼비행을 하면서 여왕개미와 왕개미 한 마리씩 짝을 지어 땅바닥에 내려앉아 날개를 떼어버리니, 날개 뗀 생식충이 된다.

흰개미의 유시충은 결혼비행 시기에만 군체를 떠나며, 한 쌍을 이룬 암수는 착륙하여 왕국을 건설하기에 적합한 장소를 찾아 나선다. 흰개미 왕, 여왕은 적당한 장소를 찾기 전까지 짝짓기하지 않는데, 적절한 장소를 찾으면 둘이 들어가기에 충분하도록 방을 크게 파내고는 입구를 봉한 다음 짝짓기한다.

개미와 달리 교미 후 수컷이 죽지 않으며, 교미가 끝난 암컷은 곧 산란을 시작한다. 처음 1~2년은 산란율도 낮고, 일개미만 생산하나 어느 정도 세력이 커지고 암컷의 난소도 더 발달하면 병정 흰개미, 미분화 흰개미, 예비 생식 흰개미도 생산한다. 만일의 사고로 여왕개미가 죽는다면 왕개미는 2차 생식충과 교미하고, 새로 생긴 2차 여왕개미는 산란을 시작한다.

여왕개미와 왕개미가 사는 방은 매우 단단한 흙으로 만드는데, 물론 바위만큼 단단한 건 아니라서 톱이나 도끼 같은 공구로 몇 번 두들기면 쪼갤 수 있다. 아프리카나 오스트레일리아 흰개미들은 흙, 나무, 배설물, 침 등으로 집을 지으며, 이들의 흰개미 집(흰개미 둔덕/흰개미 언덕)은 최대 높이가 8미터에 이르고 사방에 흩어져 있다.

집을 짓는 방법은 종류에 따라 다르나, 보통 흰개미 군체의 집 안은 여왕이 알을 낳는 분만실을 비롯해 육아실, 버섯 농장 등 여러 방으로 나뉘고, 각 방은 통로로 연결되었다.

집 안은 외계의 기상 조건과는 관계없이 항상 온도와 습도가 일정하게 유지된다. 즉, 높은 온도를 견디기 위해 꼭대기까지 이어지는 배기구를 만들고 측면에는 공기가 들어올 구멍을 내는데, 밤에는 모든 구멍을 닫아 춥지 않게 하고, 낮에는 모든 구멍을 열어 공기가 순환하도록 하여 집 온도를 조절한다. 인간도 이런 방식을 흉내 내어(본떠서) 통풍을 잘 되게 하고, 또 온도조절에 필요한 에너지를 적게 쓰는 건물을 만들었다.

높이 솟은 흰개미 집

다음은 흰개미의 창자 속에 사는 원생동물인 트리코님파를 이야기할 차례이다. 곤충의 한 종류인 흰개미와 원생동물의 편모충인 트리코님파가 서로 공생하는 이야기다.

트리코님파는 흰개미의 뒤창자(후장)에 살면서 숙주의 섬유소를 분해(소화)하며, 숙주에게서 삶터와 먹이를 얻는다. 다시 말해서 흰개미는 트리코님파에게 삶터를 제공하고, 트리코님파는 섬유소를 분해하여 흰개미에게 양분을 공급한다. 사실 이들의 관계는 사람과 내장세균이 서로 도우며 사는 것과 조금도 다르지 않다. 아니, 똑같다.

사람 창자 속의 대장 미생물들은 대장을 삶터로 삼아 음식의 찌꺼기를 분해하여 살면서 사람에게 비타민을 제공하고, 젖산균 같은 대장세균은 우리의 대장을 건강하게 해준다. 묘한 만남이다! 긴 세월을 진화해 오면서 뗄 수 없는 관계를 맺게 되었고, 이렇게 흰개미와 원생동물, 사람과 장내 미생물이 서로 이익을 주고받으면서 살고 있으니 이거야말로 공생이요, 상생이다.

원생동물이란 세포가 하나로 된 단세포동물이란 뜻이다. 트리코님파는 종 모양으로 몸에 수천 개의 편모가 나 있으며, 핵은 한 개로 세포 중앙에 있고, 몸의 뒷부분에는 식포(먹이를 소화하기 위한 주머니)가 많다.

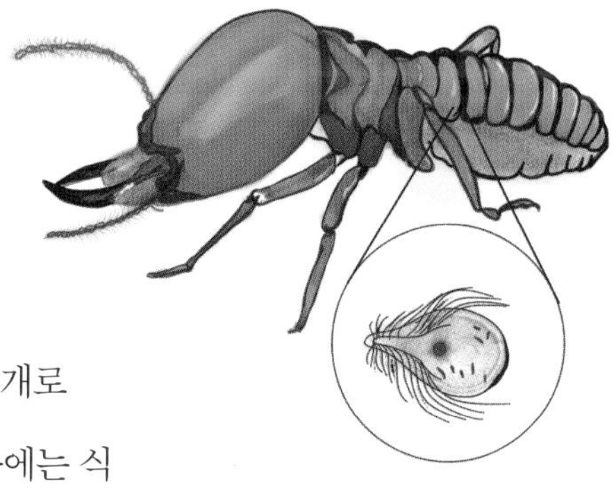

흰개미의 내장에서
살아가는 트리코님파

목재 부스러기가 식포 속에서 분해·소화된 당분을 흰개미에게 주는 전형적인 공생이며, 만일 숙주(흰개미)에 공생 원충(原蟲)인 트리코님파가 없으면 흰개미는 목재를 아무리 먹어도 그것을 소화하지 못해 죽고 만다.

트리코님파는 흰개미 말고도 바퀴벌레 무리의 창자에 살고 있는데, 산소가 없어야 사는 혐기성 생물이다. 몸(세포) 크기는 너비(폭)가 21~30마이크로미터(㎛, 1마이크로미터는 1미터의 100만분의 1), 길이가 90~110마이크로미터이고, 이분법으로 번식한다.

트리코님파를 관찰할 때는 흰개미의 머리와 가슴 부위를 떼내 버리고, 해부현미경 아래에서 흰개미의 배를 갈라 가느다란 창자를 들어낸 후 그 안의 내용물을 끄집어내 받침 유리에 문지른다. 그런 다음 덮개유리를 덮어 400배 가까운 배율로 관찰한다. 현미경에는 몸에 편모를 뒤집어쓴 방추형(양 끝이 뾰족한 모양)의 트리코님파가 온통 꿈틀거리고 있다!

트리코님파가 분비하는 섬유소를 분해하는 가수분해효소 이야기를 좀 해보자. 사실 흰개미는 섬유소(다당류)를 먹기만 했지 전연 분해하지 못한다(사람도 마찬가지임). 창자 속에 사는 미생물인 트리코님파가 셀룰로스 분해 효소(셀룰라아제)를 분비하여 좀 더 간단한 물질(이당류)인 셀로비오스로 분해하고, 또 다른 효소(셀로비아제)를 분비하여 셀로비오스를 아주 간단한 분자인 포도당(단당류)으로 분해한다. 흰개미는 최종 산물인 이 포도당을 흡수하여 힘을 얻어 살아간다.

어떤 한 종류의 트리코님파는 정해진 숙주(임자몸) 흰개미가 아닌 다른 생물에서는 절대로 살지 못하니 이렇게 한 생물과 다른 생물이 태어나면서부터 정해진 짝을 이루고 있는 것을 '종 특이성'이라 한다. 그 또한 신기하고 신비로운 일이다. 우리의 대장에도 정해진 장내 미생물만 살 수 있듯이.

생물계의 섬유소 분해에 대한 이해를 돕게 설명을 조금 보태보자. 소나 염소처럼 되새김위(반추위)가 있는 동물은 위에서, 그리고 커다란 맹장이 있는 토끼나 돼지는 맹장에서 섬유소 분해가 일어난다. 그래서 초식동물을 따져보면 되새김위를 갖는 놈은 맹장이 발달하지 않았고, 맹장이 발달한 것은 되새김위가 없다.

암튼 되새김위나 맹장에 들어온 섬유소는 거기에 사는 미생물(곰팡이, 원생동물, 세균 등등)이 분비한 셀룰라아제나 셀로비아제에 의해 포

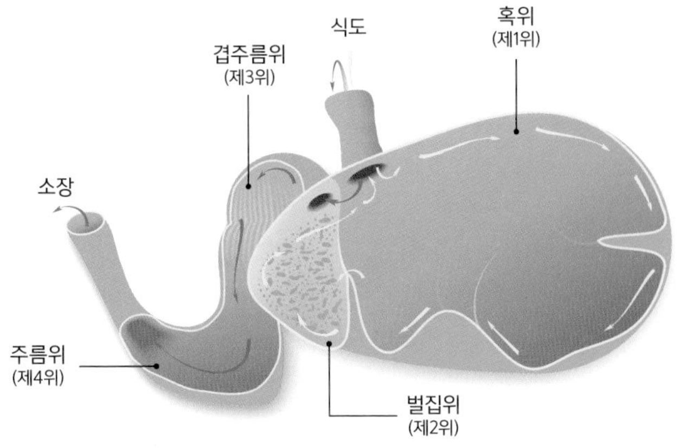

초식동물의 되새김위

도당이 된다. 그 대신 미생물들은 섬유소를 분해할 때 나오는 에너지를 얻어 번식하면서 살아간다.

"세상에 공짜 없다"라는 말을 되새겨 볼 만하다. 흰개미는 트리코님파에 살 수 있는 터전을 주고, 보호하며, 트리코님파는 세금(포도당 양분)을 낸다. 사람 및 고등동물과 내장 미생물, 흰개미와 트리코님파는 떼려야 뗄 수가 없는 운명적인 만남이 된 것이다. 이야말로 공생, 곧 상생이다. 그러니 서로 돕고 보살피며 더불어 살지어다.

08

말미잘과 흰동가리의 공진화 공생

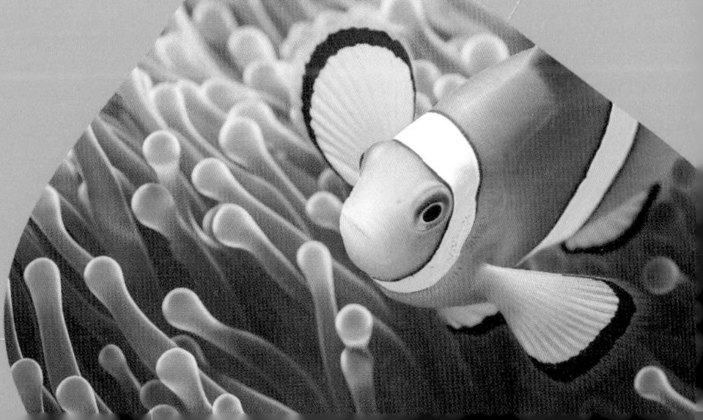

사실 흰동가리도 말미잘에게

공격을 당한다. 하지만 독침에 쏘여도

이미 몸 안에 독에 대한 내성이 있어서

멀쩡하다. 다시 말해서

말미잘이 흰동가리를 의식적으로

공격하지 않는 건 절대 아니다.

전 세계에는 모두 28종의 흰동가리가 있고, 흰동가리의 서식처인 말미잘은 10종류가 된다. 흰동가리는 태평양과 인도양에 살며, 말미잘의 촉수를 보금자리로 삼는다. 국내에 서식하는 흰동가리(*Amphiprion clarkii*)는 어디에 사느냐와 종에 따라 몸 빛깔이나 띠, 몸의 크기가 다르다. 보통 길이가 약 11센티미터이고, 다른 어류처럼 수컷보다 암컷이 크다.

알은 부화하여 수면에 살다가 치어가 되면 말미잘을 찾아 바닥으로 내려앉고, 적당한 숙주 말미잘을 만나면 공생을 시작한다. 그리고 흰동가리는 동물플랑크톤과 조류, 물벼룩 같은 요각류를 주 먹이로 삼는 잡식성 어류이다.

디즈니 애니메이션 영화 〈니모를 찾아서〉는 호기심 많은 새끼 물고기 니모가 인간에게 납치되자, 아들을 끔찍하게 생각하는 아빠 말린이 니모를 찾아 모험을 떠나는 이야기다. 말린은 많은 바다 생물을

© Disney/Pixar

〈니모를 찾아서〉의 영문 포스터

만나며 깨달음을 얻고, 니모는 수족관에서 다양한 일을 겪으며 자란다는 물고기의 성장 이야기를 그리고 있다.

주인공 니모는 오렌지색에 하얀 줄무늬가 있는 예쁘게 생긴 바닷물고기이다. 그런데 영화 개봉 후 전 세계적으로 흰동가리를 애완용으로 기르려는 수요가 늘자 눈독을 들인 업자들이 흰동가리를 남획하고, 이에 따른 환경파괴로 서식지가 줄어들었다고 한다. 주인공 니모 물고기가 바로 '흰동가리'고, 열대어 흰동가리는 말미잘과 공생한다.

흔히 공생에는 한쪽은 이익을 얻으나 다른 쪽은 이익도 손해도 없는 편리공생과 상호 간에 이익을 얻는 상리공생이 있는데, 여기 물고기와 말미잘은 후자에 든다. 흰동가리가 자신을 공격하는 큰 물고기를 피해 말미잘 속으로 숨으면, 이때 따라온 적을 말미잘이 쫓아버리거나 잡아먹는다. 흰동가리가 먹이를 물어다가 말미잘 입에 놓아주기도 한다.

흰동가리는 5월에서 11월 사이에 번식하는데, 새끼 치어들도 말미잘의 촉수 사이에 숨어서 자란다. 좀 보태면, 흰동가리는 강력한 독을 지닌 말미잘 촉수 속에 숨어서 큰 물고기를 몰아내고, 말미잘은 흰동가리가 유인한 작은 물고기를 잡아먹거나, 흰동가리가 먹다 흘린 먹이를 먹으며 함께 지낸다.

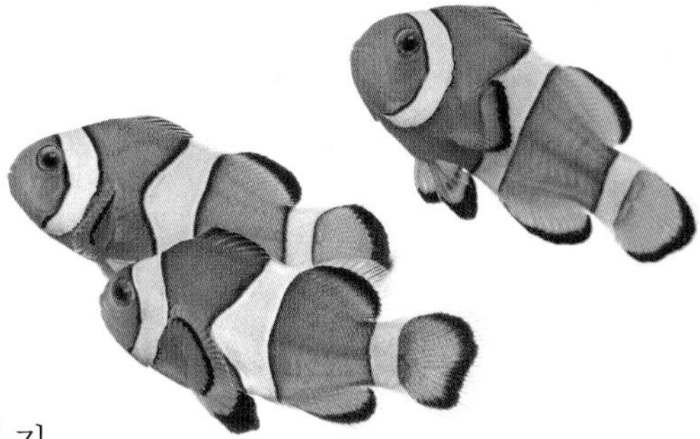
흰동가리

흰동가리의 서양 이름은 '아네모네피시'인데, anemone는 말미잘이란 뜻이다. 그리고 흰동가리의 다른 이름인 '광대어'는 영어 명칭인 clownfish를 직역한 것으로 clown은 어릿광대란 뜻이다. 그런데 영화가 너무 유명해져서 흰동가리를 그냥 '니모'로 부르는 사람들이 적지 않다고 한다.

흰동가리는 오렌지색이거나 적갈색인 것이 대부분이며, 몸은 땅딸막하고 타원형이다. 또한 목, 몸통, 꼬리에 검은 테를 두른 3개의 굵은 흰 띠가 있어서 물고기 몸을 세 동가리(토막)로 나눈 것처럼 보인다. '흰동가리'의 동가리는 동강이란 뜻으로 동가리, 동강은 짤막하게 잘린 토막이나 쓰다 남아 작게 된 부분을 일컫는다. 예를 들어 "그는 솔가지를 툭툭 분질러 동강이를 낸다"라고 쓴다. 그래서 흰동가리를 사실 '세동가리'로 불렀으면 어땠을까 하는 생각도 든다.

말미잘은 자포동물문의 산호충강, 해변말미잘목의 동물을 통틀어 이르는 말이다. 산호와 사촌 간이지만 산호 같은 단단한 골격은 없

여러 개의 촉수로 둘러싸인 말미잘의 입(항문)

고, 몸이 말랑말랑하며, 대개 암수딴몸으로 바위틈이나 모래땅에 묻혀 산다. 몸은 원통형이고, 촉수로 먹이를 잡거나 몸을 방어한다.

말미잘의 '미잘'은 미자바리(항문)란 뜻이다. 그래서 말미잘은 '말의 항문'을 닮았다고 하여 붙은 이름이다. 실제로 말미잘의 촉수로 둘러싸인 가운데 입(항문)에 손가락을 넣어보면 미끈한 것이 정말로 말 항문을 연상케 한다.

한편 말미잘을 과거 강원도 방언으로는 '물보지'라고 불렀다고 하며, 이 말은 국어사전에 당당히 등재되어 있다. 말미잘의 한국어 어원은 좀 그렇지만, 영어로는 촉수를 예쁜 꽃잎으로 보아 '바다아네모네'

라는 아름다운 이름이 붙었다.

말미잘은 자포동물이면서도 해파리처럼 부유성 세대가 없고, 바닥에 붙어살면서 플라눌라 유생 시기를 거친다. 촉수의 자포로 먹이생물을 중독시켜 촉수 중앙의 입으로 옮긴다. 그런데 소화된 찌꺼기를 그곳으로 도로 뱉어내므로 말미잘은 입과 항문이 같다. 즉, 입으로 넣고 입으로 뱉는다. 자포동물을 옛날에는 "속이 빈 동물"이라고 강장동물이라 불렀다.

암튼 자포동물은 몸 표면에 독이 든, '쏘는 세포'로 불리는 자세포가 있고 이 자세포 안에 찌르는 가시가 있는, 자포라는 '쏘는 주머니'가 있어서 자포동물이라 부른다. 자세포는 뚜껑으로 닫혀 있다가 방아쇠가 다른 물체에 눌리면 삼투압이 변해 뚜껑이 열리면서 자포가 튀어나

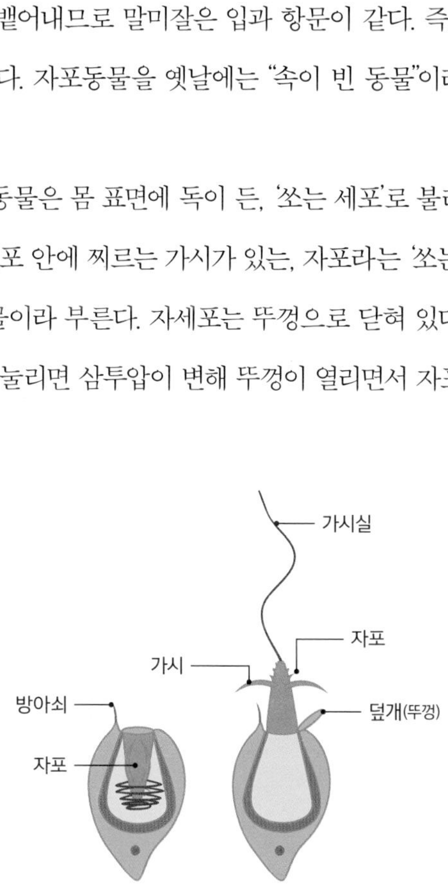

자포동물의 자세포

와 끝에 붙은 가시나 가시실이 먹잇감을 찔러 마비시킨다.

좀 더 설명을 덧붙이면 흰동가리는 말미잘의 촉수에 파묻혀 사는데, 촉수에 싸여 있으면 천적으로부터의 공격을 피할 수 있으니 이처럼 든든하고 안전한 은신처가 없다. 말미잘의 촉수에는 독침인 자세포가 있고, 자세포 속에는 자포가 들었으며, 자포 끝에는 자사(가시실)가 있는데, 말미잘은 자사에 든 유독 성분인 테트라메틸암모늄으로 다른 물고기를 마비시켜 잡아먹는다.

말미잘과 공생하는 흰동가리는 큰 암컷과 수컷이 무리를 지배하며, 부하 수컷 서너 마리가 함께 산다. 큰 암컷이 죽으면 부하 수컷 중 가장 큰 것이 암컷으로 재빨리 성전환을 한다. 또 처음 어릴 적에는 모두 수컷이었다가 자라면서 암컷으로 성전환한다.

깊지 않은 곳에 분포하고, 텃세가 아주 세며, 수컷 한 마리가 여러 마리 암컷을 거느리는데, 이렇게 번식을 위해 한 마리의 수컷이 여러 마리의 암컷을 두는 것을 '하렘'이라 한다. 흰동가리는 촉수 사이에 집을 짓고, 암컷이 집에서 산란하며, 수컷이 정자를 뿌리도록 집을 떠난다. 수정란은 6~8일 후에 부화하며, 수놈이 알을 지키면서 지느러미를 움직여 새 물(O_2)을 알에 흘려보낸다.

최근 지구온난화로 산호의 백화현상이 심해지고 있고, 따라서 흰동가리도 서식처를 잃어 가고 있다. 산호는 갈충조류라는 단세포식물과 공생하는데, 이 조류의 색깔 때문에 산호 색깔이 다양하고 아름답

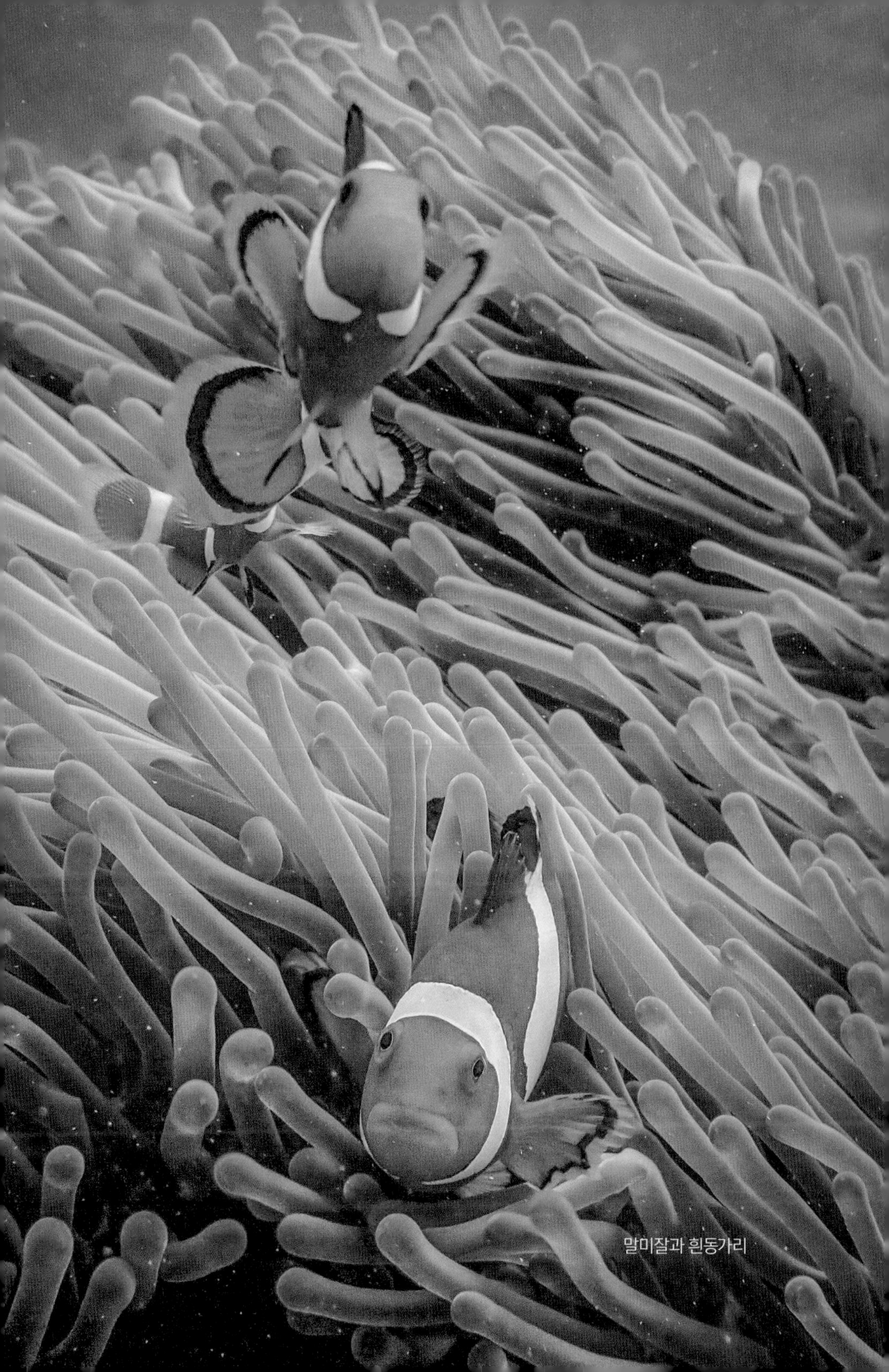

말미잘과 흰동가리

다. 그런데 수온이 올라가면서 갈충조류가 산호를 떠나 산호의 색깔이 하얗게 되는 백화현상(갯녹음)이 나타나는 것이다.

만약 백화현상이 폭넓게 일어난다면 은신처로 삼을 말미잘도 찾기 어려워질 것이고, 그러면 보호자(숙주)를 잃어버린 흰동가리는 포식자로부터 쉽게 잡아먹힐 것이다. 포식자 공격에 노출될 수밖에 없는 흰동가리에게는 여간 심각한 문제가 아니다.

갈충조류란 다른 생물과 공생관계를 갖는 조류를 총칭한다. 황록공생조류로 부르기도 하며, 산호, 해면, 해파리, 갯민숭달팽이 같은 무척추동물의 체내에 공생하는 갈색, 황색, 황금색 등의 단세포를 가리키는 이름이다. 특히 산호 체내에서 공생하는 단세포 와편모충이 대표적이다.

그런데 촉수에 휘감긴 흰동가리는 다치지 않을까? 흰동가리는 촉수에 쏘이지 않도록 몸에 점액질의 보호막이 있어 걱정하지 않아도 된다고 한다. 사실 흰동가리도 말미잘에게 공격을 당한다. 하지만 독침(자포)에 쏘여도 이미 몸 안에 독에 대한 내성이 있어서 멀쩡하다. 다시 말해서 말미잘이 흰동가리를 의식적으로 공격하지 않는 건 절대 아니다.

흰동가리는 자신을 보호하는 말미잘을 위해 포식자(물고기)를 유혹하여 간접적으로 먹이를 공급한다. 말하자면 상점 앞에 서서 지나가는 사람을 끌어들여 물건을 사게 하고 주인에게서 삯을 받는 사람인 바람잡이 여리꾼, 즉 호객꾼이 되는 것이다.

말미잘은 흰동가리가 다른 물고기에 의해 위험에 처했을 때 그것을 쫓아내거나 그 자리에서 잡아먹어서 흰동가리를 도와준다. 말미잘의 촉수는 흰동가리의 알 낳는 산란장으로 쓰이고, 흰동가리가 촉수 속을 들락거리면서 물을 흘려 말미잘의 기생충을 없애준다. 이렇게 두 생물은 서로 도우며 함께 살아가게끔 진화했다!

개미와 진딧물의 생물학적 공생

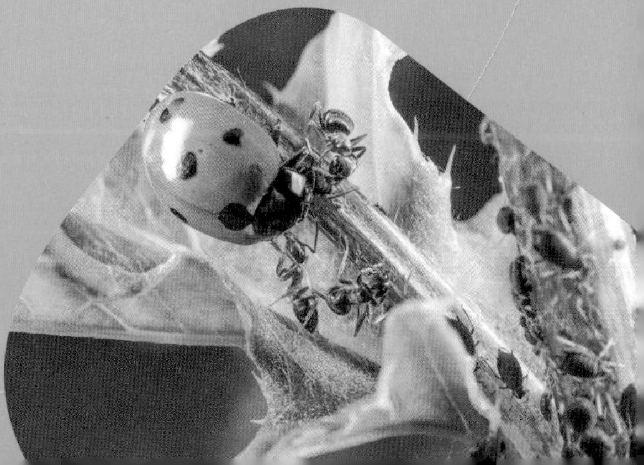

개미는 진딧물이 배출하는

단물을 얻기 위해 진딧물을 지켜주어,

서로 돕는 관계이다.

이 관계를 정확히 말한다면

사람이 가축을 기르는 것과

다르지 않다.

개미는 설탕물(감로)을 얻고, 진딧물은 포식자와 기생충으로부터 개미의 보호를 받는 생물학적 공생관계를 이루고 있다.

고추밭에서 몇 그루의 고춧대에만 웬 개미가 이렇게 들끓는단 말인가!? 개미가 잎줄기나 꽃대의 유액을 빨아먹는 진딧물을 잡아먹지는 않고, 놈들 위를 마구 기어 다니는 모습을 본다. 진딧물이 고춧대나 꽃대의 즙액을 빤 뒤에, 달고 끈적끈적한 감로를 항문에서 배설하면 개미가 그것을 맛있게 받아먹는다.

그 대신 개미는 진딧물을 엄청나게 먹어 치우는 진딧물의 천적인 무당벌레의 공격으로부터 막아준다. 이처럼 개미와 진딧물은 서로 도우면서 살기 때문에 공생관계이다.

잎줄기에 다닥다닥 붙은 진딧물

개미는 벌과 함께 사회성을 이

개미가 진딧물을 먹는 무당벌레를 공격하고 있다.

루는 것으로 유명한 곤충이다. 그런데 개미가 진딧물을 돌보는 능력은 참으로 뛰어나, 100여 마리의 개미가 한 그루에 있는 진딧물을 모두 관리한다. 개미는 진딧물이 안전하게 생활하도록 주변을 철저하게 경계하며, 진딧물의 천적을 쫓아내 쉼터를 마련해 준다.

특히 개미는 자신보다 몇 배나 큰 무당벌레도 쫓아낼 만큼 용감하다. 진딧물은 앞서 이야기했듯이 이러한 보호자 개미들에게 달콤한 감로를 선물한다. 개미가 더듬이로 진딧물의 항문을 살살 문지르면 진딧물은 마침내 감로를 분비한다. 다시 말해서 개미가 진딧물 항문을 톡톡 두드려(자극을 주어) 감로가 나오게 한다. 어떤 종은 개미가 항문을 자극하지 않으면 감로를 배설하지 않는다고 한다.

진딧물을 '진디'라고도 하는데, 이는 진딧물과에 속하는 종들을 통틀어 부르는 이름이다. 진딧물은 작물에 큰 해를 끼치는 대표적인 해충으로, 식물의 진액을 빨아먹어 말라 죽게 한다. 또 자신이 빨아들인 진액을 전부 다 소화하지 못하여 소화가 덜 된 진액(감로)을 배설하는데, 이것이 식물의 기공을 막고 곰팡이를 끼게 하여 전염병을 옮기는 결과를 불러일으킨다.

식물 이파리를 뒤집었을 때 진딧물이 다다귀다다귀('다닥다닥'의 본말) 붙어 있거나, 원래 줄기가 보이지 않을 정도로 식물 하나에 달라붙어 진액을 빠는 진딧물의 모습은 끔찍하다. 진딧물은 농촌뿐 아니라 도시에서도 많은 해를 끼쳐, 4~5월쯤 나무 아래에 자동차를 오래 세워두면 진딧물이 흘리는 진득진득한 감로에 봉변을 당할 수도 있다.

→항문에서 분비한 감로 방울

↓진딧물의 항문에서 단물을 받아 먹는 개미

진딧물의 번식력도 알아줘야 한다. 한 마리가 혼자 수천 마리로 불어나서 순식간에 식물 전체를 덮어버리기도 하므로 처음부터 못 막으면 주변은 쑥대밭이 된다. 녀석들은 암컷이 수컷 없이 혼자서 새끼를 낳는 처녀생식을 한다. 즉, 봄부터 초가을에는 무성생식(처녀생식)으로 무한 증식을 하고, 늦가을에야 암·수가 생겨나 짝짓기하여(유성생식을 하여) 수정란 상태로 겨울을 난다.

그런데 기생 숙주가 야위거나, 진디 마릿수가 넘치면 날개가 있는 개체가 생겨나 다른 곳으로 금세 퍼져나간다. 600미터 이상을 날아올라 강풍을 타고 멀리 날아가기도 한다.

개미가 진딧물을 돌보고 있다.

여러 번 이야기했듯이 개미는 진딧물이 배출(배설)하는 단물을 얻기 위해 진딧물을 지켜주어, 서로 돕는 관계이다. 이 관계를 정확히 말한다면 사람이 가축을 기르는 것과 다르지 않다. 개미 중에는 일정한 구역에 진딧물을 데려다가 키우는 종도 있고, 아예 개미집 안으로 데려와 식물 뿌리 즙을 먹이면서 기르는 종도 있다고 한다.

사실 무당벌레는 진딧물의 천적으로 무당벌레에게 진딧물은 맛좋은 고기밥이다. 그런데 여러 종류의 진딧물을 개미가 삽아먹지 않고 되레 무당벌레를 쫓아 진딧물을 보호한다. 진딧물이 많이 붙는 대표적인 식물로는 무궁화나무와 단풍나무, 사과나무, 벚나무 등 주로 아욱과, 장미과, 단풍나무과 따위가 있다.

진딧물의 천적인 무당벌레를 몇 마리만 구해서 풀어도 충분히 진딧물을 없앨 수 있는데, 이때 반드시 '칠성무당벌레'처럼 육식성 무당

육식성인 칠성무당벌레

초식성인 큰이십팔점박이무당벌레

벌레류를 이용해야 한다. 만일에 '큰이십팔점박이무당벌레' 같은 초식성이라면 진딧물을 잡아 주기는커녕 오히려 그놈들과 사이좋게 어울려 식물을 몽땅 먹어 치운다. 무당벌레엔 진딧물을 잡는 육식성과 푸나무 잎을 먹는 초식성이 있다는 말이다.

진딧물은 곤충강 노린재목 진딧물과 곤충의 총칭으로, 몸은 작아서 2~4밀리미터 정도이고, 몸 빛깔은 다양하며, 개미와 공생관계이고, 머리·가슴·배의 세 부분으로 이루어져 있다. 머리에는 더듬이·겹눈(복안)·입(입틀) 등이 있는데, 더듬이는 대개 여섯 마디고, 겹눈은 한 쌍으로 되어 있다.

몸은 매우 연약하고, 제5 또는 제6 배마디 등판 양옆에 뿔같이 생긴 뿔관이 있는 것이 특징인데, 원기둥·사다리·고리 꼴이다. 푸나무(초목)의 줄기·새싹·잎에 모여서 살며, 구기(입틀)로 구멍을 뚫어 식물의 즙액을 빨아 먹으므로 대부분 해충으로 분류된다. 진딧물은 정해진 식물만 먹는 단식성이다.

수정란으로 월동한 진딧물은 3월 하순~4월 상순에 부화하여 간모가 된다. 이것은 날개 없는 암컷이다. 다 자라면 알을 낳지 않고 혼자서 새끼를 낳는데(단위생식으로 일종의 난태생), 새끼들이 자라면 어미와 똑같이 날개 없는 암컷이 된다.

몇 세대를 이렇게 무성생식을 되풀이해 번식하면 기주식물(기생식물의 숙주가 되는 식물)의 잎줄기가 온통 진딧물로 덮이게 된다. 이러는 동안에 차차 날개 돋친 암컷(유시충)이 생겨 널리 분산(이동)한다. 그러

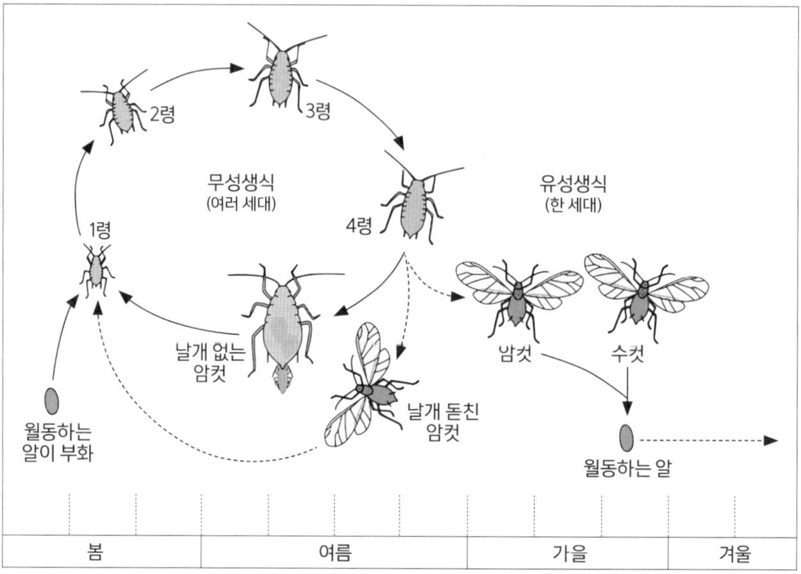

진딧물의 생활사

다가 늦가을이 되면 날개가 있는 암·수 개체가 생겨나 유성생식을 한다. 그래서 열대지방이나 온실에서는 일년 내내 무성생식(처녀생식) 하여 암컷이 수컷 없이 새끼를 낳고, 그 새끼가 자라 또 모두 암컷이 되고 하는 과정을 이어간다.

생활사(한살이)를 조금 보탠다. 진딧물의 생활사는 다른 곤충에 비해 매우 복잡하다. 성충은 날개가 있는 유시충과 날개가 없는 무시충이 있고, 유시충은 밀도가 높거나 기주(숙주)식물의 전환이 필요할 때 나타난다.

다시 말해서 식물이 매우 약해지거나, 개체가 너무 많아졌거나 하면 날개가 있는 새끼가 생겨 영양가 높은 식물로 분산한다. 유충(약충)은 1령~4령 사이에 각각 탈피하여 성충이 된다. 늦가을에 생기는 암·수 벌레 모두가 유시충이다.

진딧물은 뿔관(진디의 등쪽 꽁무니에 있는 두 개의 뾰족한 뿔 모양의 관)에서 분비하는 끈끈한 액체를 이용하여 포식자의 주둥이를 부자유스럽게 만들거나, 많은 밀랍 가루를 분비해 몸을 보호한다. 그리고 진딧물은 식물의 즙액을 먹기 때문에 새끼를 낳고 키우기 위한 영양분인 단백질이 부족하고, 대신 탄수화물은 과다하여 남는 당분을 배설물

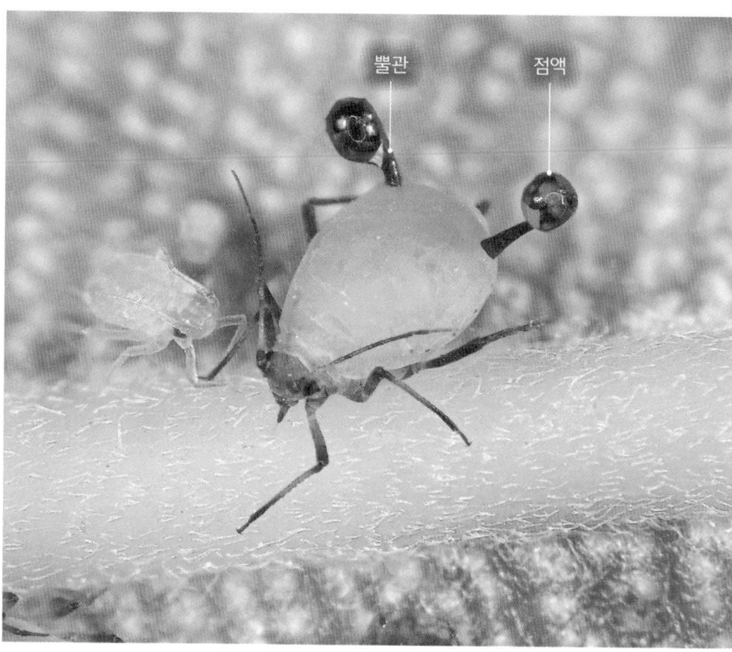

진딧물의 뿔관과 점액

(감로)로 내보낸다. 이 배설물을 먹으려고 작은 개미, 기생벌, 파리 등이 많이 모이게 된다.

그렇지만 진딧물이 잎에 떨어뜨린 배설물은 그을음병이 생겨나게 하여 잎을 까맣게 더럽히고 엽록소를 파괴하여 광합성이 잘 되지 못하게 한다. 이렇게 진딧물은 직접 식물의 즙액을 빨아 해를 끼칠 뿐 아니라 복숭아혹진딧물·목화진딧물 등과 같이 각종 작물의 식물바이러스병을 매개하여 이중으로 해를 끼치는 것도 많다.

진딧물은 세계적으로 4,000여 종이 알려져 있고, 한국에는 10과 330종이 분포한다. 온대지방이 원산인 곤충으로서 온대지방에서만 완

진딧물에 알을 낳는 기생벌

전한 한살이를 볼 수 있으며, 열대지방에서는 암컷 혼자서 단위생식, 즉 무성생식으로 번식한다. 보통 때는 새끼를 낳는 난태생이지만, 가짜 태반성이다.

진딧물의 발육은 기주식물의 영양상태, 기후, 밀도에 따라서 차이가 있지만, 한 세대 기간은 며칠밖에 안 된다. 진딧물의 밀도 증가 속도가 빠른 이유는 무성생식으로 새끼를 낳고 수컷이 거의 없기 때문인데, 보통 하루에 3~10마리씩 낳는다. 알이 아닌 새끼를 낳으며, 한 마리가 일 년에 잇따라 41세대나 번식하기에 '수가 거듭할 때마다 두 배의 비율로 증가하는' 기하급수로 늘어난다.

진딧물은 무당벌레의 성충과 유충, 풀잠자리의 애벌레와 어른벌레, 꽃등에 애벌레, 기생벌 등이 대표적인 포식자, 즉 천적이다. 그런데 가톨릭이 사회적 영향을 미치던 중세의 서유럽 농민들은 그들이 공경하는 성모를 빗대어 '성모 마리아의 벌레'라고 부르면서 진딧물을 잡아먹는 대표적 육식성 곤충인 '칠성무당벌레'를 사랑했다고 한다.

참고로, 우리는 이 벌레의 색이나 무늬가, 귀신을 섬겨 길흉을 점치고 굿하는 무녀의 옷을 닮았다고 하여 '무당벌레'라 부른다.

10

산호와 갈충조류의 에너지 공생

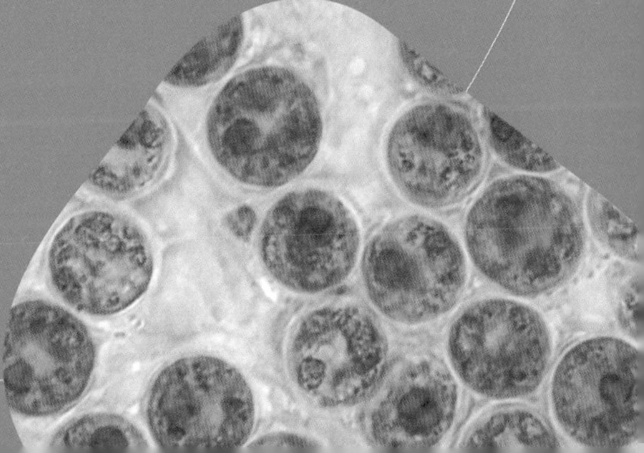

갈충조류는 광합성을 왕성하게 하여
그 산물을 대부분 산호충에게 넘겨주는데,
갈충조류는 숙주에게
탄수화물, 지방, 아미노산을 주고,
대신 이산화탄소, 인, 질소 성분을 받아
광합성에 쓴다.

산호는 자포동물문 산호충강 산호속에 속하는 동물을 통틀어 이른다. 산호의 주성분은 탄산칼슘($CaCO_3$)이어서 경도(단단한 정도)가 낮으므로 산호는 파손을 주의해야 하는 일종의 보석이다.

산호의 색은 단순한 갈색에서 매우 화려한 색상에 이르기까지 다양한데, 갈충조류인 공생조류의 색상과 산호가 가진 색소 단백질의 색상 조합으로 나타난다. 색소 단백질에는 파장이 짧은 빛을 흡수해 파장을 길게 만들어 방출하는 형광 단백질과 빛을 반사하는 반사 단백질이 있다. 다시 말해서 산호의 화려한 색상은 주로 형광 단백질의 작용, 또는 형광 단백질과 반사 단백질의 작용으로 이루어진다.

갈색이면서 단세포인 갈충조류는 독립적인 생활을 하다가 산호에게 잡아먹히는데, 산호는 자신에게 알맞은 공생조류를 몸속에 받아들여서 광합성을 하게 하고, 공생조류는 광합성으로 생산한 유기물(탄수화물, 지질, 단백질)을 산호에게 준다. 그 대신 산호는 공생조류에게 서식

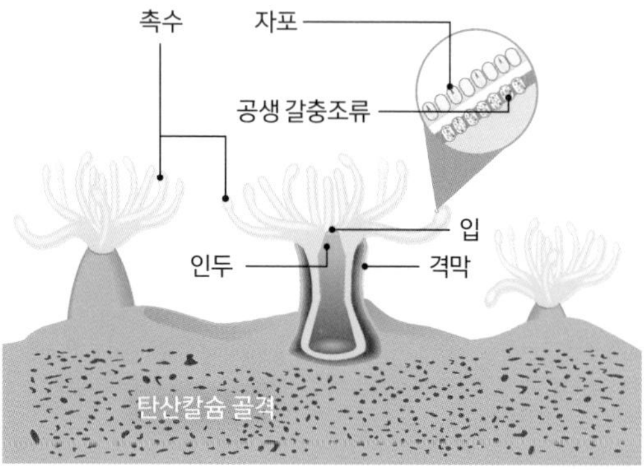

산호 해부도

장소와 자신이 배출하는 질소 화합물, 이산화탄소를 제공한다.

산호초가 광합성을 통해 생산하는 산소(O_2)량이, 대표적 식물플랑크톤인 규조류에 다음갈 정도로 엄청나게 많은 것은 산호 내부에 광합성을 할 수 있는 단세포 쌍편모조류인 '공생 갈충조류'가 함께 살고 있기 때문이다.

나무처럼 생긴 산호가 식물이 아닌 동물이라는 사실은 현미경으로 세포벽이 없다는 걸 관찰하고 나서야 알았다고 한다. 산호는 탄산칼슘($CaCO_3$)이 주성분인 골격을 키우기 위해 자신이 호흡을 통해서 내뿜은 이산화탄소와 바닷물 속에 녹아 있는 탄산수소나트륨($NaHCO_3$), 탄산수소칼륨($KHCO_3$) 등과 같은 중탄산염과 칼슘을 활용한다. 이때 이산화탄소는 이른바 '공생조류'에도 공여된다.

그런데 산호가 이산화탄소보다는 산소를 절대적으로 많이 생산하여 산소가 없던 원시 지구를 지금처럼 살기 좋게 '테라포밍', 즉 지구화하였다. 산호는 한곳에서 계속 쭉 자라서 산호섬, 산호초를 이루기도 하는데, 아주 느리게 성장하기 때문에 축구공만 한 산호초로 성장하려면 20년가량 걸린다고 한다.

산호초와 해안수림이 있는 지대는 지진해일인 쓰나미의 피해를 적게 받는다. 그리고 산호는 체내에 광합성을 할 수 있는 공생조류가 있어서 먹이를 먹지 않아도 생장할 수 있다.

하지만 산호 중에서도 체내에 공생조류가 없는 종이 있으며, 이들은 먹이 활동을 통해 모든 영양분을 얻는다. 공생조류가 있는 산호 역시 당분(탄수화물)과 같은 유기탄소는 공생조류가 충분히 공급하나, 질소원은 동물성 먹이를 먹어서 얻는다.

산호는 크게 경산호와 연산호로 나눈다. 경산호는 촉수의 개수가 6의 배수인 육방산호류이고, 연산호는 촉수가 여덟 개인 팔방산호류이다. 다시 말해서 연산호는 여러 개충(폴립)이 군체를 이루는 산호 종류 중 탄산칼슘 성질의 골격(뼈대)이 없는 산호이다. 또 여과섭식을 하고,

촉수가 8개인 연산호(팔방산호)

자기의 촉수에 있는 아주 작은 털 같은 구조물을 이용하여, 부유하는 유기물이나 식물플랑크톤 따위를 걸러 먹는다.

반면에 우리가 일반적으로 산호라고 알고 있는, 뼈대가 있는 육방산호류(경산호)는 상당히 강력한 포식자이다. 이들의 촉수에는 자세포가 있는데, 구조나 기능에서 사촌뻘인 해파리나 말미잘의 자세포와 차이가 없다. 작은 물고기 같은 사냥감이 촉수를 자극하면 자세포의 독액을 짜내 사냥감의 몸에 주입하여 마비시킨 후 잡아먹는다.

산호는 그야말로 안 먹는 것 없이 다 먹는다. 해저에서 올라오는 다양한 종류의 부유물은 물론이고 박테리아나 동식물플랑크톤, 물고기의 배설물, 작은 물고기 따위를 비롯해 거의 모든 유기물을 먹어 치운다.

산호가 바다에서 차지하는 면적은 1퍼센트밖에 안 되지만, 사실 해양생물의 4분의 1 이상이 산호 지대에 서식하고 있어 산호는 바다 생태계에서 매우 중요한 위치를 갖는다. 그런데 수온에 몹시 민감한 생물이라 지구온난화와 인간의 남획 때문에 점점 사라지고 있으며, 2021년 기준으로 이미 전 세계 산호의 절반 이상이 죽었다고 한다.

오스트레일리아 동쪽에 있는 대보초인 그레이트 배리어 리프는 세계에서 가장 큰 대산호초 지대로 2,900여 가지가 넘는 종류의 산호초로 이루어졌고, 산호초 군락이 2,000킬로미터 이상 펼쳐져 있다. 유네스코 세계자연유산으로 지정되어 보호받고 있다지만 기후 변화에 따른 해수면 온도 상승으로 대규모 백화현상 등을 겪고 있다.

오스트레일리아 대보초의 백화한 산호(헤론섬)

염도, 광도, 수온, 오염도 등의 변화에 따라 산호의 공생조류인 갈충조류가 광합성에 지장을 받으면서 조류가 없어져(세포를 떠나) 하얀 산호 골격만 남으니, 이것이 산호 백화현상이다.

백화현상은 산호가 죽는 현상이 아니라 산호가 '공생조류'를 내보내는 현상인데, 갈충조류의 배출과 더불어 색소 단백질의 탈색이 일어나 산호가 흰색으로 변하는 것이다. 산호를 위협하는 또 다른 문제는 오염물질의 유입으로 인한 부영양화이고, 게다가 '가시왕관불가사리'도 산호에 심각한 피해를 준다.

산호초는 산호충의 분비물이나 유해(골격)인 탄산칼슘이 퇴적되

산호 폴립을 먹는 가시왕관불가사리

어 만들어진 암초를 말하며, 섬과 산호초의 위치에 따라서 거초·보초·환초로 나눈다. 거초는 산호가 섬 주위를 둘러싸는 형태로 산호초의 가장 초기 형태이고, 보초는 섬과 산호가 바다에 의해 나뉜 형태로 산호초의 중기 형태이며, 환초는 섬이 없고 고리 모양의 산호초로만 된 형태로 산호초의 최종 형태이다.

잘 발달한 산호초 지대는 산호초가 아름답게 형성되어 있을뿐더러 그 지대에 자생하는 물고기도 많아 볼거리가 풍성해서, 관광지로 인기가 있다. 산호가 잘 살 수 있는 환경은 맑은 물, 얕은 물에 수온은 섭씨 23도에서 29도 사이여야 한다. 해수면 온도 상승으로 최대 규모의 산호 소멸이 진행되고 있다 하고, 산호초 중에 70퍼센트는 위협을 받고 있으며, 20퍼센트는 파괴되었고 10퍼센트는 장기적인 붕괴 위험에 처해 있다고 한다.

'산호 이야기'에 이어서 산호 공생조류인 갈충조류를 살펴본다. 갈충조류인 공생조류는 자포동물인 산호, 해면, 해파리, 말미잘과 연체동물인 나새류(갯민숭달팽이류) 등의 체내에서 공생하는 단세포조류로, 지름이 약 10마이크로미터(㎛)이다.

이 공생조류를 '황록공생조류'라 부르는데, 가장 널리 존재하는 공생조류는 산호 폴립 세포에 공생하는 쌍편모조류의 한 종이다. 엽록소 a, c와 β-카로틴, 크산토필 등 광합성 색소를 가지며, 두 개의 편모가 있다.

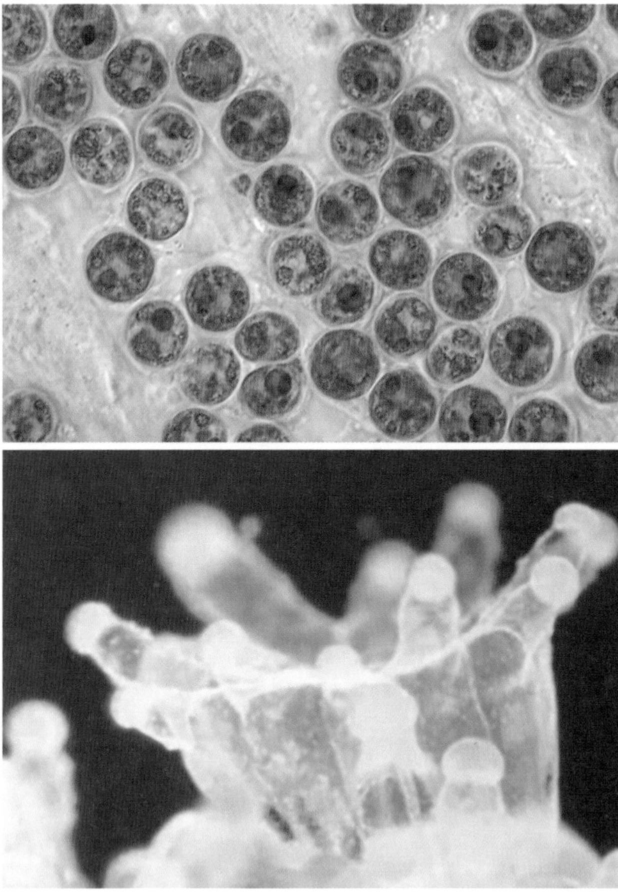

갈충조류(위)와 산호 속에 공생하는 갈충공생조류(아래)

산호와 갈충조류(황록공생조류)는 서로 공생한다. 갈충조류는 광합성을 왕성하게 하여 그 산물을 대부분 산호충에게 넘겨주는데, 갈충조류는 숙주에게 탄수화물, 지방, 아미노산을 주고, 대신 이산화탄소, 인, 질소 성분을 받아 광합성에 쓴다. 그리고 엽록체에서 광합성(독립영양)을 하며, 숙주(산호)를 누르스름한 갈색을 띠게 한다. 다시 말해서 탄수화물 등 양분을 숙주에 제공하여 숙주의 생장과 발생에 필요한 90퍼센트의 에너지를 공급하고, 산호에 삶터를 얻은 갈충조류는 무기양분과 이산화탄소(CO_2)를 받아 광합성을 한다.

가장 대표적인 갈충조류는 *Gymnodinium*속이다. 세포 속 공생하는 편모로 움직이는 조류이고, 숙주의 종류에 따라 다른(일정한) 갈충조류가 산다.

갈충조류는 산호가 조류를 잡아먹어 공생하는데, 일례로 산호의 알에는 조류가 없었으나 유생이 되면 모체의 조류를 먹는다. 그게 어려우면 주변의 해수에서 얻는다.

11

조류와 균류의 특별한 공생체, 지의류

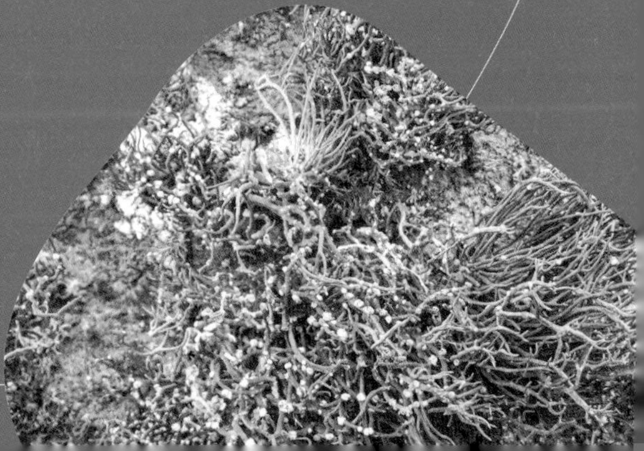

균류는 균사로 물을 흡수하여 보존하고,

조류는 광합성을 하여

균류와 자신이 필요한 영양분을 만들기에

양자의 결합으로 조류나 균류가

혼자서는 살 수 없는 환경에서도

거뜬히 살아간다.

우리가 식용하는 석이버섯은 대표적인 지의류의 일종이다. 지의류는 단일 생물체가 아니고, 광합성을 하는(독립영양을 하는) 진핵조류나 광합성세균인 남세균과 함께 종속영양을 하는 균류가 서로 도우며 사는 공생체이다. 다시 말해서 지의류는 엽록체가 없는 하얀 균류인 곰팡이와, 광합성을 하는 녹색 조류나 청남색의 남세균이 함께 공동생활을 하는 생물체이다.

이렇게 종류는 다르지만 서로 도움을 주며, 같은 공간에서 함께 살아가는 생물을 '공생생물'이라 한다. 덧붙이면 곰팡이는 추위나 더위, 가뭄에 견딜 수 있는 보호막이 되어 주고, 조류는 광합성을 하여 영양분을 곰팡이에게 제공하면서 공생한다. 곰팡이는 하얀 팡이실(균사)로 집을 짓고, 조류는 공기(이산화탄소)와 햇빛으로 밥을 짓는 셈이다.

지구상에서 자라는 지의류는 2만 종이 넘는데, 대부분 자낭균 지의류이다. 담자균 지의류는 20종 내외가 알려져 있다. 지의류는 북극의 툰드라, 사막, 바닷가에 있는 돌, 유독한 화산암 더미와 같은 극한 환경에서도 자라며, 열대우림이나 온대지방의 나뭇잎 또는 나뭇가지, 벽이나 묘비 같은 바위에서 자라기도 한다.

지의류는 균류나 조류가 단독으로는 살 수 없는 곳에서 생존할 수 있다. 예를 들어, 높은 산에 드러난 바위 표면은 낮에는 직사일광 때문에 타는 듯이 뜨겁고, 밤에는 어는점(빙점) 아래로 내려갈 정도여서 균류나 조류 단독으로는 자랄 수 없다. 그러나 그들의 공생체인 지의류는 너끈히 자란다. 한편, 화산 분출로 흘러나온 용암 위에 맨 처음 나타나는 것은 지의류이다.

앞서 말한 남세균은 녹색 색소인 엽록소로 광합성을 하는 남색인 세균을 통틀어 말하고, 엽록소 외에도 카로티노이드 같은 보조색소를 가진다. 남세균을 '남조세균'이라 부르는데 남조세균은 보통 단세포이고, 세포에는 핵이 없으며, 미토콘드리아와 같은 세포소기관도 없다. 남세균은 호수, 강, 바다를 비롯해 토양, 사막, 극지방 등 다양한 서식지에서 살며, 화석에서도 발견될 정도로 오래전부터 지구에 존재하였고, 광합성을 통해 원시 지구대기에 산소(O_2)를 공급한 것으로 추측되고 있다.

지의류는 한국에 700~800여 종이 자생하는 것으로 알려졌다. 지의류는 생장하는 모양에 따라 크게 세 가지로 나누는데 나뭇잎 모양으로 생장하는 엽상지의, 관목처럼 자라는 수지상지의, 특정한 모양 없이 바위 등에 딱지처럼 딱 달라붙어 사는 고착지의 등이다.

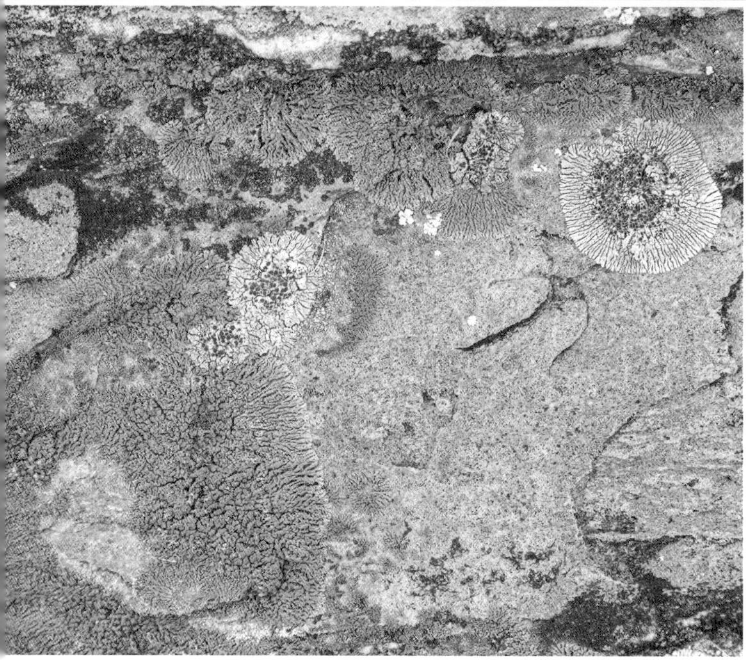

↖ 엽상지의

↑ 수지상지의

← 고착지의

지의류는 이끼류가 아닐뿐더러 식물도 아니다. 뿌리가 없어서 물과 무기양분을 빨아들이지 않으나 식물처럼 스스로 양분을 만든다. 지각의 6~8퍼센트를 덮고 있으며, 항생물질로 쓰이는 황색 결정 색소인 우스닌산의 영향을 받아 붉은색, 오렌지색, 황색, 갈색 등을 띤다.

지의류는 비가 오거나 하여 물기가 있으면 균사가 빠르게 물을 빨아들여 밝은 연두색이나 올리브색이 되고, 마르면 회색에 가까운 녹색이거나 갈색으로 변한다. 수분이 있으면 피층(껍질켜)이 투명하고 부드러워지면서 팽팽해지고, 녹색을 띠면서 광합성이 왕성해진다. 매우 건조하면 탈색되면서 바싹거린다.

곱씹어 말하면, 지의류는 균류와 조류의 복합체로 균류는 자낭균류 또는 담자균류의 일종이고, 조류는 남조류 또는 녹조류이다. 영어로는 lichen(라이켄), 한자로는 땅 지, 옷 의 자를 써서 地衣類라고 부르는데, 지구상 어디에서든 살 수 있는 강인한 생물이다. 그 때문에 '땅의 옷'은 적도에서 남극·북극까지, 바닷가에서 6,000미터 고도의 고산 지역, 도시의 보도블록과 콘크리트, 나무, 사막 등 어디에서나 살아낸다.

공기가 맑은 곳의 나무에 핀 지의류

지의류란 자낭균의 균사가 녹조식물을 둘러싼 복합생물이

다. 조류가 광합성으로 만든 탄수화물을 균류가 이용하고, 대신 조류는 균류로부터 물이나 무기질을 공급받아 건조에 이기면서 광합성을 한다.

균류가 조류를 균사로 된 외피로 둘러싸고 있으며, 균류는 균사로 물을 흡수하여 보존하고, 조류는 광합성을 하여 균류와 자신이 필요한 영양분을 만들기에 양자의 결합으로 조류나 균류가 혼자서는 살 수 없는 환경에서도 거뜬히 살아간다.

지의류는 다른 식물이 도저히 살 수 없는 추운 극지와 높은 산 바위 면에도 붙어사는데, 특수 화학물질을 배출해서 바위를 분해하여 토양(흙)을 만들므로, 다른 선태류가 천이(遷移)해 들어갈 수 있는 터전을 만든다. 즉, 지의류가 암석 표면을 토양화하면 비로소 다른

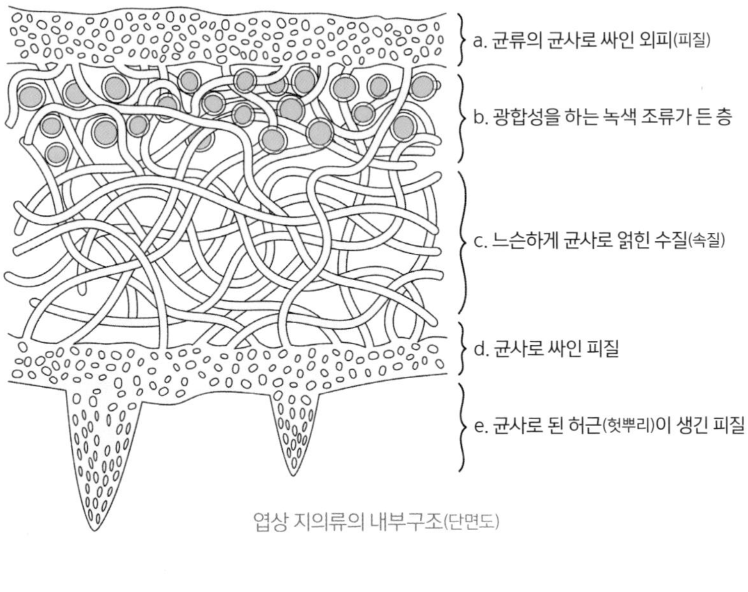

엽상 지의류의 내부구조(단면도)

식물이 자랄 수 있게 된다. 따라서 지의류를 '식물군락 천이의 개척자'라고 한다.

천이는 같은 장소에서 시간의 흐름에 따라 진행되는 식물군집의 변화를 말하며, 맨땅을 그대로 방치하면 먼저 초본류의 군락이 형성된다. 몇 년 후에는 관목 군락이 되고, 다시 양수림으로 바뀌며, 이곳에 음수가 침입하여 최후에는 그 지방의 기후조건과 긴 기간 평형(안정)을 이룬 음수림이 된다.

그런데 유럽우주국의 과학자들이 국제우주정거장에 박테리아(세균)와 각종 씨앗, 지의류와 조류 표본을 아무 보호장치 없이 정거장 밖의 우주공간에 부착하여 18개월을 보낸 뒤 다시 지구로 가져온 적이 있다. 이 표본들은 지구에서 측정되는 자외선의 1,000배에 달하는 자외선 폭격을 당하고, 영하 12도에서 영상 40도를 오르락내리락하는 변화를 200번 거친 것이라 한다.

가져온 표본을 분석한 결과 가장 강인한 생물은 지의류인 것으로 드러났으며, 심지어 지구로 돌아온 지의류의 일부 종은 정상적으로 다시 성장했다고 한다. 전혀 다른 두 생명체가 서로 도와 공생체로 살아가면서 그만큼 강해졌기 때문이다.

이런 지의류의 강인함은 지구상의 생태계와 인간 생활에도 영향을 주었다. '동토 지대', '얼어붙은 평원'이라고 하는 툰드라 지역은 일 년에 아홉 달이 겨울인, 눈으로 덮여 얼어 있는 땅이다. 툰드라에는 순록을 방목하며 살아가는 사람들이 있는데 이들에게는 지의류가 아주

'순록이끼'라 불리는 사슴지의

중요한 생물로, 겨울 동안 순록의 유일한 먹이가 되기 때문이다. 툰드라에서 생장하는 지의류를 '순록이끼(*Cladonia rangiferina*)'라 부르는 까닭이기도 하다.

지의류를 음식으로 먹는 사람들도 있다. 빵과 샐러드를 만드는 데 쓰이고, 전쟁 중에는 중요한 전투식량이 되기도 했다. 한국, 중국, 일본에서는 지의류인 '석이'와 '송라'를 버섯으로 식용하거나 약용한다.

석이(*Umbilicaria esculenta*)는 석이과에 속하는 버섯인데, 깊은 산속의 바위 표면에 붙어사는 지의류의 일종으로, 형태가 다양하여 잎과 같은 것, 껍질 같은 것, 나무 같은 것들이 있다. 또 나무·바위·기와 등에 서식하며, 건조와 추위에 잘 견딘다.

고산 지대의 바위에 난 석이버섯

독성을 띤 노란색 지의류

석이버섯에서는 잎 모양의 엽상체(葉狀體)를 먹는데, 석이버섯은 생산량이 적고 채취하기가 어렵다. 석이버섯은 설사를 그치게 하고, 더위를 막으며, 허리 아픈 데 특효이고, 중국에서는 강정제(强精制)로 노인이 상용하면 젊어지고, 눈이 밝아진다고 했다. 그러나 소화가 잘 되지 않는다. 또 노란색 지의류에는 노란 색소인 물질이 독성을 일으킬 수 있으므로 먹지 말아야 한다.

'소나무겨우살이'라고도 불리는 송라(*Usnea diffracta*)는 송라과의 지의류로서 흔히 소나무에 뒤엉키듯 자란다. 사실 소나무 외에도 가문비나무 등과 같은 침엽수 고목의 줄기나 죽은 가지에도 붙어산다. 깊은 산골짝의 습한 지역에서만 자라며, 우스닌산 성분이 들어 있어 각종 약

소나무에 붙어사는 송라

재로서 인정받아 예부터 많이 사용되어 온 희귀한 한약재이다.

한편, 우주의 강렬한 자외선에도 견디는 지의류의 강인함에서 아이디어를 얻은 사람들은 지의류를, 화장품을 오래 보관할 수 있도록 하는 천연 방부제로 쓰고 자외선 차단제를 만드는 원료나 첨가제로도 이용한다. 고대 이집트에서는 미라를 만들 때 썩지 않도록 지의류를 이용했다고 한다.

사실 지의류는 강인하지만 공기 오염, 오존, 중금속 등에 매우 약하며, 생장이 너무 느려서 종마다 조금씩 다르지만 대부분 일 년에 겨우 1밀리미터쯤 자란다. 만일 공기가 더러워지면 아무리 지의류라도 더는 영양분을 만들 수 없어 죽게 된다. 조류가 죽으면 영양분을 얻지 못하는 곰팡이도 같이 죽게 되는 것이다.

산업혁명으로 대기오염이 특히 심각했던 영국에서는 과학자들이 지의류를 이용해 대기오염 정도에 관한 연구를 많이 했다. 특히 오염에 약한 지의류를 골라 대기오염 측정에 이용했는데, 연구 결과 대기오염 '지표생물'로 지의류를 이용하게 되었다.

지의류 종의 수 변화와 사람들의 폐암 발병률을 비교했더니, 지의류 종이 다양할수록 폐암 발병률이 낮았다는 연구 결과가 있을 정도로 대기오염에 민감한 생물이다. 지의류는 물감, 리트머스, 향수, 민간약품, 항생제 따위를 제조할 때나 순록의 먹이로도 이용된다.

리트머스이끼(*Roccella tinctoria*)는 자낭균류의 리트머스이끼과에 속한다. 높이는 4~8센티미터쯤이며, 끝이 뾰족하다. 바닷가 바위 위에 모여 자라는 지의류로 회백색을 띠고, 잔가지를 내밀며 바위 위에 붙

나뭇가지 모양의 리트머스이끼

어 돋아나는데, 남아프리카 희망봉 근처와 서아프리카 해안, 지중해 연안 지방에 분포한다.

리트머스이끼는 약 30종이 있고, 어느 것이나 다 양털을 염색하는 리트머스 염료의 원료로 이용된다. 또 몸 안에 들어 있는 리트머스 색소로부터 리트머스액을 짜내고, 산과 염기를 구분하는 리트머스시험지를 만든다. 즉, 화학실험에 쓰는 리트머스시험지는 리트머스이끼에서 화청소(색소)를 뽑아서 종이에 녹여 묻힌 것이다.

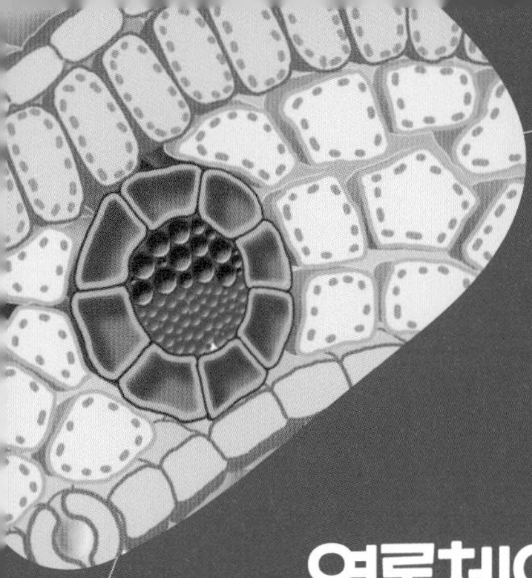

12

엽록체와 미토콘드리아의 극적 내공생

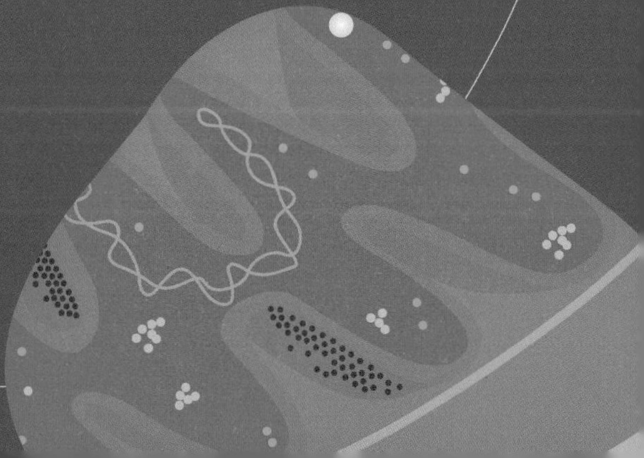

1970년대부터 과학자들은 미토콘드리아가

세포 내에서 만들어진 것이 아니라,

세포 외부의 독립된 세균이

우연히 세포 안으로 들어온 것이라 여겼다.

이렇게 진핵생물 속에 세균이 들어와

자리를 잡고 함께 살아가게 된 것을

'내공생'이라 부른다.

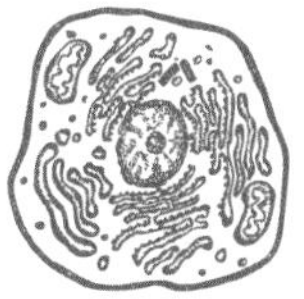

우선 글 한 토막을 읽고 시작하자.

'내공생설'이란 것이 있다. 결론은 진핵세포 속에 들어 있는 세포소기관인 미토콘드리아와 엽록체는 과거 한때 독립생활을 하던 박테리아(세균)였다는 것이다. 약 35억 년 전에 조상 숙주세포인 원핵생물에 광합성세균인 남세균이 들어가(침입해) 엽록체가 되고, 또 호기성세균은 미토콘드리아가 되어서 진핵생물이 되었다는, 세포가 진화한다는 설이다.

그런데 엽록체와 미토콘드리아는 유사한 점이 많으니, 두 세포소기관은 모두 생명체를 움직이는 화학에너지가 든 ATP(아데노신3인산)를 합성할 수 있으며, 유전물질인 DNA가 있어서 스스로 증식하고 리보솜에서 단백질 합성도 한다.

고세균과 세균들만이 핵이 없는 원핵생물이고, 나머지 진핵생물

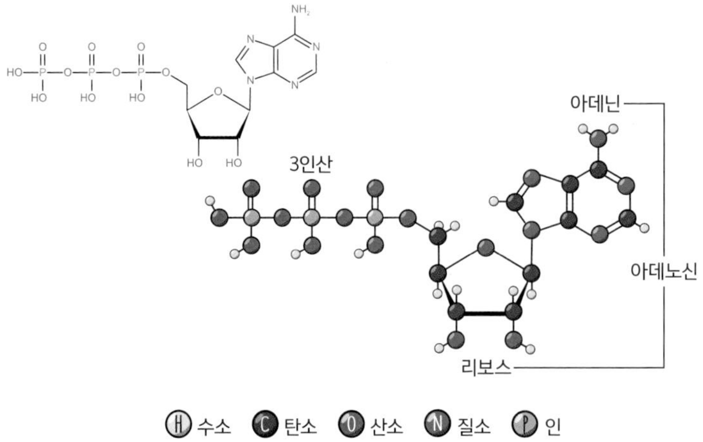

ATP의 구성

은 세포 안에 핵을 만들어 생명의 정수인 DNA를 보관하며, 단백질을 만드는 리보솜, 세포 내 노폐물을 가수분해하는 리소좀 등등의 세포 소기관이 있다. 미토콘드리아는 마치 독립된 세균처럼 DNA가 동그란 모양이고, 전자현미경으로 보면 세균들과 구조가 아주 비슷하다.

이야기의 주인공인 미토콘드리아는 핵이 있는 진핵생물에 들었으며, 세포호흡을 한다. 세포호흡은 두 단계로, 세포질에서 일어나는 해당 작용과 미토콘드리아에서 일어나는 시트르산 회로인데, 시트르산 회로를 구연산 회로, 크렙스 회로, TCA 회로라 부른다.

해당 작용에서 만들어진 구연산, 즉 시트르산은 미토콘드리아에서 푸마르산, 말산 등등의 여러 유기산으로 잇따라 산화하면서 열에너지와 화학에너지(ATP)를 내니 이것이 세포호흡이다. 세포는 생명을 유지하기 위해 에너지가 필요한데 그것이 바로 ATP요, 음식물(유기물)에 든 에너지를 써서 ATP를 만드는 작용이 세포호흡이다.

흔히 칼로리가 든 3대 영양소(열량 영양소)인 탄수화물, 지방, 단백질 중에서 탄수화물은 포도당으로, 지방은 지방산과 글리세롤로, 단백질은 아미노산으로 소화되어 결국 미토콘드리아들에 도달한다. 동시에 거기서 숨 쉬어 얻은 산소와 호흡(산화, 연소)하여 ATP와 열과 이산화탄소를 생성하는 세포호흡을 한다.

따라서 미토콘드리아는 생명 활동에 필요한 ATP를 합성하는, 즉 세포호흡을 하는 세포소기관인데, ADP(아데노신2인산)를 인산과 결합하여 ATP를 만들고, ATP가 ADP로 바뀌면서 열과 에너지가 들락거린다(ATP+H_2O →ADP+Pi(인산)+7.3kcal/mol, ADP+Pi+7.3kcal/mol→ATP).

그 화학에너지를 운동에너지로 바꾸어 활동하고, 세포의 물질대사에 쓰며, 열에너지는 정온동물의 체온 유지에 쓴다. 미토콘드리아에서 ATP를 만들기에 그것을 '세포의 발전소'라 부르고, 또 열을 내기에 '세포의 난로'라고 한다.

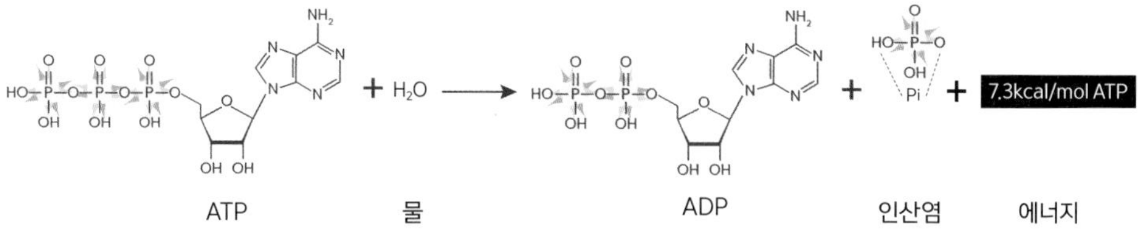

ATP가 가수분해하여 에너지를 내고 ADP가 된다.

미토콘드리아는 '실'을 뜻하는 mitos와 '작은 알갱이'를 뜻하는 chondrion의 합성어로, 내부구조가 마치 끈을 말아 놓은 것 같고, 겉모양이 낱알을 닮았다고 붙인 이름이다. mitochondria는 복수형이고, 단수형은 mitochondrion이다.

미토콘드리아는 0.2~3마이크로미터(㎛) 정도이고, 모양과 크기와 개수도 생물의 종, 세포의 종류와 역할에 따라 다르다. 한 개의 세포에 들어 있는 미토콘드리아는 흔히 세포질의 25퍼센트를 차지하는데, 세포호흡이 활발한 기관일수록 많다. 예를 들어, 간세포 한 개당 1,000~3,000개로 많고, 식물세포에서는 100~200개 정도이다. 그러므로 몸을 많이 움직일수록 미토콘드리아의 수가 늘어난다.

정자에는 유전물질(DNA)이 든 정핵과 정자 운동에 필요한 에너지를 대는 미토콘드리아만 있다. 그런데 난자는 수정하면서 염색체(유전자, DNA) 덩이인 정핵은 받아들이고, 정자의 중앙부에 있는 50~75개 되는 미토콘드리아는 거부반응을 일으켜 모두 파괴한다.

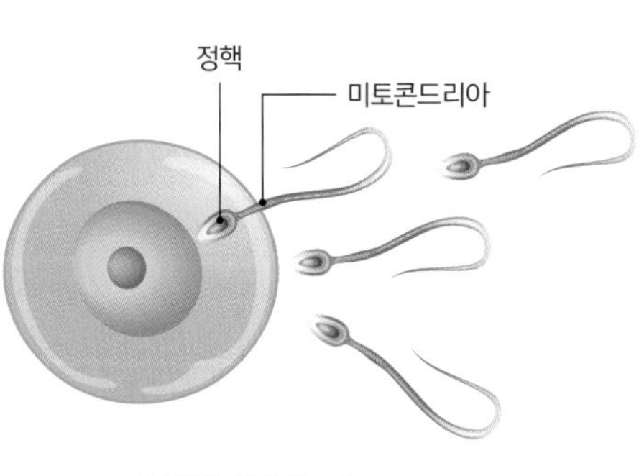

난자와 정자의 수정

그러므로 어머니의 난자 미토콘드리아(10만~60만 개)만을 물려받게 되어, 외할머니→어머니→딸→손녀로 전달된다(모계 유전). "엄마가 보고 싶으면 이모를 찾는다"라고 하거나, 외할머니가 친할머니보다 좋은 까닭을 알겠는가? 또 한 집안의 자식들은 모두 엄마의 미토콘드리아를 가지므로 온통 엄마를 편드는 것이리라!? 그래서 사실은 모계 중심사회가 맞다.

그리고 '미토콘드리아 DNA'는 유전인자가 들어 있는 '보통 DNA'와 달리 모계로부터만 이어받는다. 따라서 간에서 공통으로 발견되는 미토콘드리아 DNA를 가진 여성인 '미토콘드리아 이브(아프리카 이브)'는 대략 15만~20만 년 전 아프리카에 살았을 것으로 추정한다.

한편, 부계 유전하는 'Y염색체 아담'도 있다. 모계 유전하는 미토콘드리아와 달리 Y염색체는 할아버지→아버지→아들로 부계 유전한다. 그래서 미토콘드리아 DNA나 Y염색체는 친자 확인이나 범인 검거 등에 사용한다. 한마디로 우리가 먹은 음식과 폐로 숨 쉰 산소는 모두 미토콘드리아로 간다. 세포질에서 일어난 해당 작용과 미토콘드리아의 구연산 회로를 거쳐 에너지(ATP)와 열과 이산화탄소를 만든다.

내공생설이란 핵막은 없고 핵물질만 있는 원핵생물(원시 진핵생물)에 광합성세균인 시아노박테리아는 엽록체가, 호기성세균은 미토콘드리아가 되어 진핵생물이 되었다는 설이다. 그리고 공생생물이란 숙주세포 속으로 침입하여 숙주세포와 공생관계를 유지하며 살아가는 생물을 말한다.

숙주세포 속에 든 내생 생명체들은 일반적으로 긴 진화의 시간을 거치는 동안, 자신의 유전체(게놈) 상당 부분에서 유전자 소실이 일어

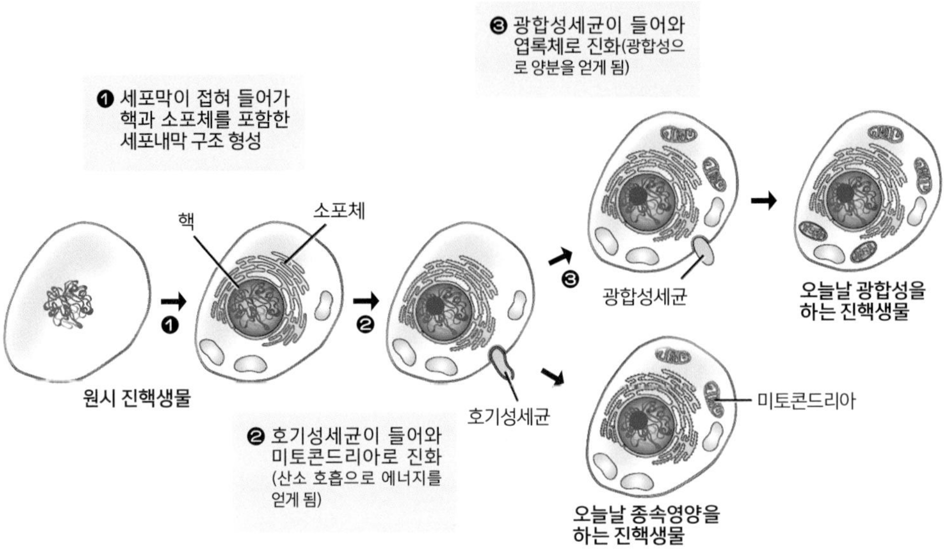

내공생설

나 전체 유전체 길이가 매우 짧아진다. 이는 내생 공생체들이 숙주로부터 계속해서 자원을 공급받을 수 있는, 매우 풍족하고 안정된 상황에서 오랫동안 진화한 결과로 생각된다.

앞서 언급한, 현존하는 내생 공생체나 기생체들은 미토콘드리아와 엽록체 진화에 대한 단서를 제공한다. 진핵세포 속에 들어 있는 세포소기관인 미토콘드리아와 엽록체가 과거 한때 독립생활을 하던 박테리아였으며, 어떤 이유로 숙주세포에 침입한 이후 장기간 진화하면서 박테리아와 숙주 진핵세포 사이에 절대적 의존관계가 만들어졌고, 원래 침입자 세포 속의 유전체에 의해 운반되며 독립생활에 필요했던 유전자를 대부분 잃어 세포소기관이 되었다는 이론이 바로 내공생설이다.

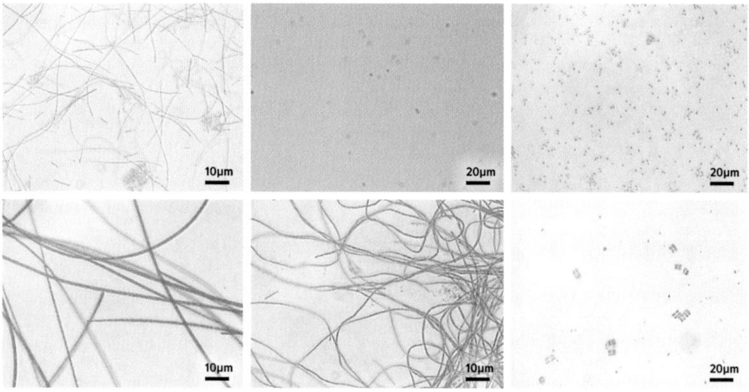

다양한 남세균(남조세균) 종류

강과 호수에서 녹조를 일으켜 골칫거리가 된 남세균(시아노박테리아)은 그러나 오랜 옛날(35억 년 전) 지구의 역사에서 중요한 역할을 해냈고, 바로 지구 대기 중에 막대한 산소를 공급했기에 다른 동물과 마찬가지로 우리 인류도 출현할 수 있었다.

식물세포는 남세균의 내공생 결과라는 게 학계의 지배적인 이론이다. 남세균의 한 갈래가 다른 세균과 융합했고, 남세균은 진핵세포에서 엽록체 형태로 남게 되었다는 것이다.

엽록체와 미토콘드리아는 유사한 점이 있다. 우선 두 기관은 모두 에너지를 ATP로 전환할 수 있다. 또 유전물질로 DNA가 있고, 리보솜도 있어서 스스로 증식할 수 있고 단백질을 합성하는 것도 가능하다. 이밖에 두 기관의 세포막은 공통으로 외막과 내막의 이중막으로 되어 있다. 전자현미경으로 관찰하면 세포 속의 엽록체도 볼 수 있다.

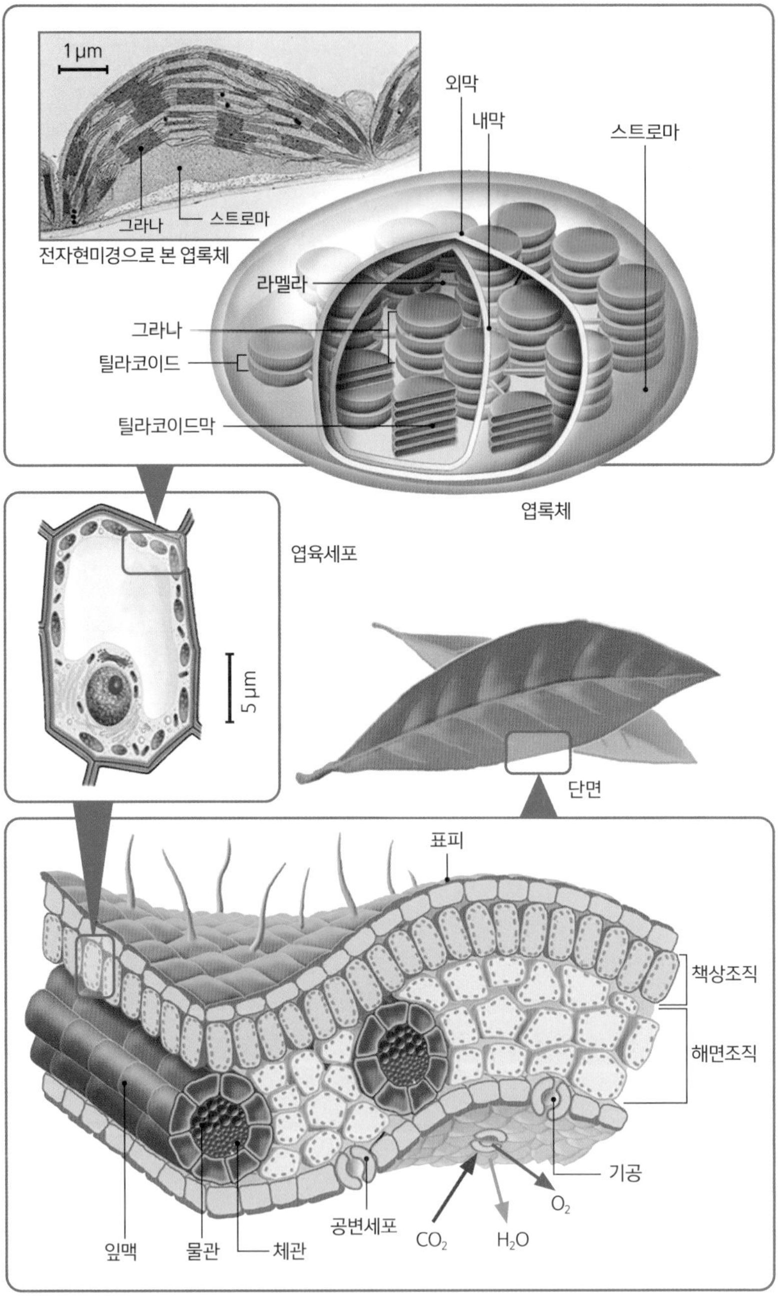
1 μm
그라나
스트로마
전자현미경으로 본 엽록체
외막
내막
스트로마
라멜라
그라나
틸라코이드
틸라코이드막
엽록체
엽육세포
5 μm
단면
표피
책상조직
해면조직
기공
O_2
공변세포
CO_2
H_2O
잎맥
물관
체관

잎의 구조

엽록체의 지름은 약 5~10마이크로미터(㎛)이고, 두께는 2~3마이크로미터로 원형이나 타원형의 구조를 이룬다. 세포막은 외막과 내막의 이중으로 되어 있는데, 내막 안쪽에는 빛을 흡수할 수 있는 색소가 있는 틸라코이드라는 원반 모양의 구조체가 층을 이뤄 쌓여 있다.

틸라코이드가 쌓여 있는 구조를 그라나라고 하며, 그라나끼리 연결된 막 구조를 라멜라라고 한다. 구조물 주위에 있는 기질은 스트로마라고 하는데, 스트로마에는 광합성에 필요한 효소들이 있다.

녹색식물은 태양의 빛 에너지를 이용해 물과 이산화탄소를, 식물이 살아가는 데 필요한 포도당 등의 유기물로 전환한다. 이를 광합성이라고 하며, 광합성이 일어나는 장소가 바로 엽록체이다. 광합성은 식물뿐 아니라 사람을 포함한 동물에게도 중요하다. 광합성의 부산물로 산소가 나오는데, 산소는 동물이 호흡을 통해 물질대사를 할 수 있도록 만들기 때문이다.

엽록체에는 여러 종류의 색소가 있어서 빛 에너지를 흡수할 수 있다. 육지에 있는 녹색식물에는 엽록소와 카로티노이드가 있고, 물속에서 광합성을 하는 조류는 남조소, 갈조소, 홍조소와 같은 색소로 광합성을 한다.

엽록소는 탄소, 산소, 수소, 질소, 마그네슘으로 구성된 화합물로 엽록소 a, b, c, d와 세균엽록소가 있다. 대부분 엽록소 a가 광합성에서 중요한 역할을 하며, 육상식물에는 엽록소 b가, 규조와 갈조류에는 엽록소 c가, 홍조류에는 엽록소 d가 있다. 그리고 카로티노이드란 카로틴과 크산토필이라는 오렌지색과 노란색을 띠는 색소이다. 이들은 엽록소가 흡수하지 못한 파장의 빛 에너지를 모아 엽록소에 전달해 주는 보조색소의 역할을 하며, 엽록소를 보호해 준다.

식물의 잎에는 엽록체가 많이 들어 있고, 엽록체에는 여러 색소가 있다. 이 중에서도 녹색을 띤 엽록소가 많으므로 잎 전체가 녹색으로 보인다. 특히 잎 윗면이 아랫면보다 더 짙은 녹색으로 보이는데, 이는 잎 윗면에는 엽록체가 많은 책상조직과 해면조직이 있고, 아랫면에는 표피세포 중 일부인 공변세포만 엽록체가 있기 때문이다.

엽록체에는 미토콘드리아처럼 자체 DNA가 있다. 엽록체 DNA는 세포소기관인 엽록체의 스트로마(기질)에 존재하는 DNA이다. 엽록체는 이러한 독자적인 DNA와 리보솜 등의 세포소기관을 가지고 있으므로 자체적으로 증식할 수 있다.

약 35억 년 전, 모든 생명체의 공통 조상이 등장한 뒤 생명체는 고세균, 세균, 진핵생물이라는 세 왕국으로 갈라섰다. 진핵생물 외에 고세균과 세균을 묶어 원핵생물이라 부르기도 한다. 진핵생물은 세포 안에 '금고'인 핵을 만들어 생명의 정수인 DNA를 따로 보관하며, 단백질의 번역을 돕는 기관(리보솜), 세포 내 쓰레기 처리장(리보좀) 등 여러 작업에 특화한 소기관도 있다.

주인공인 미토콘드리아도 진핵생물에서 에너지 생산을 담당하는 세포소기관이다. 미토콘드리아가 다른 세포소기관과 다른 점은 자신만의 DNA가 있다는 것이다. 앞서 이야기했지만, 마치 독립된 생명체

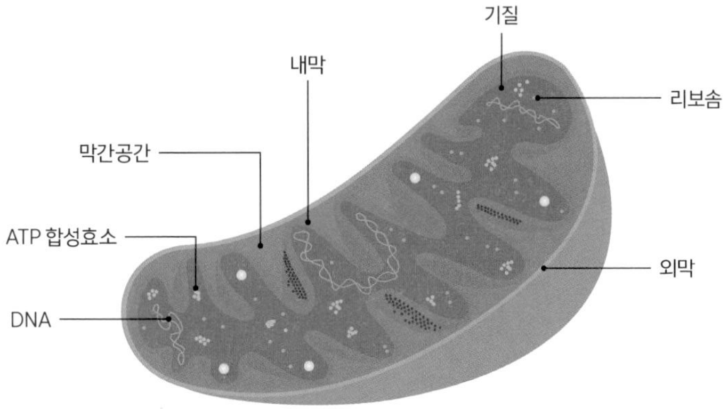

미토콘드리아 구조

처럼 동그란 DNA가 있으며, 이를 직접 번역해 단백질을 만든다.

게다가 미토콘드리아를 전자현미경으로 보면 세균과 구조가 비슷하기에 1970년대부터 과학자들은 미토콘드리아가 세포 내에서 만들어진 것이 아니라, 세포 외부의 독립된 세균이 우연히 세포 안으로 들어온 것이라 여겼다. 이처럼 진핵생물 속에 세균이 들어와 자리를 잡고 함께 살아가게 된 것을 '내공생'이라 부른다. 30억 년이 넘는 생명의 진화사에서 손에 꼽을 정도로 드문 일이다.

찾아보기

ㄱ

ㄴ

ㄷ

ⓞ

그림 출처

17쪽, 24쪽, 35쪽(위), 46쪽, 60쪽, 63쪽(오른쪽), 68쪽, 69쪽, 70쪽, 76쪽, 93쪽, 95쪽, 96쪽, 107쪽, 111쪽, 113쪽, 121쪽, 130쪽, 132쪽(아래), 133쪽, 137쪽, 144쪽, 145쪽, 162쪽(왼쪽), 177쪽 Shutterstock.com
18쪽 en.m.wikipedia.org/ The Other 95% (CC BY-SA 4.0)
27쪽 김병직(어류학자)
28쪽 국립생물자원관(공공누리 저작물)
29쪽 downeastinstitute.org/ Research In Soft-Shell Clams
30쪽 flickr.com/ AJC1 (CC BY-SA 2.0)
32쪽 fws.gov/ Rachel Mair
35쪽 luc.edu/ biology
44쪽 commons.wikimedia.org/ Dr. Andreas Schmidt-Rhaesa (CC BY-SA 3.0)
49쪽 nv.wikipedia.org/ Adamantios (CC BY-SA 3.0)
59쪽 commons.wikimedia.org/ Graham Beards (CC BY 3.0)
63쪽(왼쪽) commons.wikimedia.org/ Rosser1954 (CC BY-SA 4.0)
77쪽, 119쪽, 120쪽, 123쪽, 134쪽(왼쪽), 157쪽(아래), 158쪽, 162쪽(오른쪽), 170쪽, 171쪽, 172쪽, 179쪽 kr.freepik.com
81쪽, 82쪽 phys.org/ Institute of Vertebrate Biology, Brno
104쪽, 108쪽, 134쪽(오른쪽) 국립생물자원관/이승환
118쪽 themoviedb.org/ © 2003 Disney/Pixar
117쪽(위) commons.wikimedia.org/ Amada44 (CC BY 4.0)
138쪽 commons.wikimedia.org/ Alvesgaspar (CC BY-SA 2.0)
147쪽 flickr.com/ Richard Vevers (CC BY-SA 2.0)
150쪽(위) commons.wikimedia.org/ Todd C. LaJeunesse (CC BY-SA 2.0), (아래) commons.wikimedia.org/ Arianne Uranga (CC BY-SA 4.0)
157쪽(위 왼쪽) commons.wikimedia.org/ Arianne Uranga (CC BY-SA 4.0),(위 오른쪽) commons.wikimedia.org/ Jason Hollinger (CC BY-SA 3.0)
163쪽 국립수목원(공공누리 저작물)
164쪽 commons.wikimedia.org/ Norbert Nagel, Mörfelden-Walldorf, Germany (CC BY-SA 2.0)
174쪽 commons.wikimedia.org/ CNX OpenStax (CC BY-SA 4.0)
175쪽 commons.wikimedia.org/ Malihe Mehdizadeh Allaf and Hassan Peerhossaini (CC BY-SA 4.0)

*자유 이용 저작물에 대하여는 따로 표기하지 않았다.